Vincent Giordani

Etude des Systèmes Li-Air Non Aqueux Réversibles

AF216648

Vincent Giordani

Etude des Systèmes Li-Air Non Aqueux Réversibles

Vers le développement de batteries à haute densité d'énergie

Presses Académiques Francophones

Impressum / Mentions légales

Bibliografische Information der Deutschen Nationalbibliothek: Die Deutsche Nationalbibliothek verzeichnet diese Publikation in der Deutschen Nationalbibliografie; detaillierte bibliografische Daten sind im Internet über http://dnb.d-nb.de abrufbar.

Alle in diesem Buch genannten Marken und Produktnamen unterliegen warenzeichen-, marken- oder patentrechtlichem Schutz bzw. sind Warenzeichen oder eingetragene Warenzeichen der jeweiligen Inhaber. Die Wiedergabe von Marken, Produktnamen, Gebrauchsnamen, Handelsnamen, Warenbezeichnungen u.s.w. in diesem Werk berechtigt auch ohne besondere Kennzeichnung nicht zu der Annahme, dass solche Namen im Sinne der Warenzeichen- und Markenschutzgesetzgebung als frei zu betrachten wären und daher von jedermann benutzt werden dürften.

Information bibliographique publiée par la Deutsche Nationalbibliothek: La Deutsche Nationalbibliothek inscrit cette publication à la Deutsche Nationalbibliografie; des données bibliographiques détaillées sont disponibles sur internet à l'adresse http://dnb.d-nb.de.

Toutes marques et noms de produits mentionnés dans ce livre demeurent sous la protection des marques, des marques déposées et des brevets, et sont des marques ou des marques déposées de leurs détenteurs respectifs. L'utilisation des marques, noms de produits, noms communs, noms commerciaux, descriptions de produits, etc, même sans qu'ils soient mentionnés de façon particulière dans ce livre ne signifie en aucune façon que ces noms peuvent être utilisés sans restriction à l'égard de la législation pour la protection des marques et des marques déposées et pourraient donc être utilisés par quiconque.

Coverbild / Photo de couverture: www.ingimage.com

Verlag / Editeur:
Presses Académiques Francophones
ist ein Imprint der / est une marque déposée de
OmniScriptum GmbH & Co. KG
Heinrich-Böcking-Str. 6-8, 66121 Saarbrücken, Deutschland / Allemagne
Email: info@presses-academiques.com

Herstellung: siehe letzte Seite /
Impression: voir la dernière page
ISBN: 978-3-8416-2392-8

Copyright / Droit d'auteur © 2013 OmniScriptum GmbH & Co. KG
Alle Rechte vorbehalten. / Tous droits réservés. Saarbrücken 2013

Thèse de Doctorat

Spécialité : Sciences des Matériaux

présentée à

L'UNIVERSITE DE PICARDIE JULES VERNE

par

Vincent GIORDANI

Pour obtenir le grade de Docteur de l'Université de Picardie Jules Verne

---

Etude des Systèmes Li-Air non aqueux réversibles

Soutenue le 9 novembre 2010, après avis des rapporteurs, devant le jury d'examen :

Mr. P. SIMON	Professeur, UPS, Toulouse	Rapporteur
Mme. R. PALACIN	Chargée de Recherche, ICMAB, Barcelone	Rapporteur
Mr. M. ARMAND	Directeur de Recherche, CNRS, Amiens	Examinateur
Mr. P. STEVENS	Ingénieur-Expert, EDF-R&D, Paris	Examinateur
Mr. F. FAVIER	Chargé de Recherche, CNRS, Montpellier	Examinateur
Mr. J.-M. TARASCON	Professeur, UPJV, Amiens	Directeur de thèse
Mr. P. G. BRUCE	Professeur, Université de St Andrews	Directeur de thèse

Remerciements

Ces quelques lignes sont pour moi l'occasion de remercier chaleureusement toutes les personnes qui m'ont accompagné durant ces trois années passées à la fois au Laboratoire de Réactivité et Chimie des Solides et à l'université de St. Andrews mais aussi, tous ceux et celles, qui ont indirectement contribué à l'aboutissement de ce travail.

Je commencerai par remercier Monsieur Jean-Marie Tarascon, Professeur de chimie à l'université Jules Verne de Picardie ainsi que Monsieur Peter G. Bruce, Professeur de chimie à l'université de St. Andrews, qui ont assuré la direction de cette thèse, pour m'avoir accueilli dans leur laboratoire et s'être montrés aussi disponibles que prévenants envers moi. Je n'oublierai pas les nombreuses discussions que nous avons eues.

Je tiens également à remercier Monsieur Michel Armand, Directeur de Recherche au Centre National de la Recherche Scientifique et Monsieur Dominique Larcher, Professeur de chimie à l'université Jules Verne de Picardie, qui ont co-encadré cette thèse, pour m'avoir aiguillé dans mes recherches ainsi que pour les nombreuses discussions qui ont tant contribuées à l'avancé de ce travail.

Je remercie Monsieur Patrice Simon, Professeur de chimie à l'université Paul Sabatier de Toulouse ainsi que Madame Rosa Palacin, Chargée de recherche à l'Institut de Ciència de Materials de Barcelona, pour avoir accepté de juger ce travail.

Je remercie également Monsieur Frédéric Favier, Chargé de recherche au Centre National de la Recherche Scientifique, et Monsieur Philippe Stevens, Ingénieur-expert à Electricité De France R&D, pour avoir accepté de participer à ce jury de thèse.

Je suis également très reconnaissant envers Monsieur Philippe Poizot, Maître de conférences à l'université Jules Verne de Picardie, pour m'avoir si souvent enrichi de sa culture scientifique et par la pertinence de ses remarques lors de nos échanges. Notamment, je tiens à souligner l'impact qu'il a pu avoir lors de mon année de licence de chimie, lorsque je débutais mon apprentissage de l'électrochimie des matériaux, sur le choix de mon orientation.

Je voudrais encore remercier Monsieur Christian Masquelier, Professeur de chimie à l'université Jules Verne de Picardie, Monsieur Mathieu Morcrette, Directeur du Laboratoire de Réactivité et Chimie des Solides, Monsieur Charles Delacourt, Chargé de recherche au Centre National de la Recherche Scientifique, ainsi que Madame Michèle Nelson et tous les autres permanents et non-permanents du laboratoire qui ont participé à un moment ou un autre à ce travail. Je tiens, à ce propos, à ne pas oublier la contribution technique de Monsieur Jean-Bernard Leriche.

D'autre part, je tiens également à remercier tous les membres du groupe de recherche du Professeur Peter G. Bruce à l'université de St. Andrews, permanents et non-permanents, pour leur soutien et leur participation à ce travail de thèse.

A mes parents, mon frère et mes grands-parents,

A tous mes proches

en témoignage de ma reconnaissance

« Si la science un jour règne seule,

les hommes crédules n'auront plus que des crédulités scientifiques. »

Anatole FRANCE, extrait de *L'hypnotisme dans la littérature*

Sommaire

Chapitre III :   Mécanismes de fonctionnement de l'électrode à air dans les systèmes lithium-air non aqueux rechargeables......109

Résumé de la thèse en anglais

Li-ion cells have transformed portable electronics and, in the context of alternative clean energy sources, are critical to the future generation of electric vehicles. However, research on Li-ion batteries is only likely to double their capacity, which is not sufficient for the extended driving range required by electric vehicles in the long term. Therefore, new battery technologies need to be explored and among them the Li-air (Li-O$_2$) technology is currently receiving a great deal of attention. The theoretical energy density of the non-aqueous lithium-air battery is 2731 Wh/kg, based on electrode materials, electrolyte and reaction product being pure Li$_2$O$_2$, but a three-fold excess of lithium metal further mitigates this to around 1800 Wh/kg. The understanding of the Li-air battery is still in its infancy. The non-aqueous lithium-air battery was first reported by Abraham in 1996. Subsequently, it was pursued mainly as a primary battery by a number of groups in both aqueous and non-aqueous forms; however it is the rechargeable lithium-air battery that is of interest as a means of storing electrical energy. Despite important recent advances, significant hurdles remain to be overcome before it could become a viable technology and reach its theoretical energy storage. One of the most important challenges is to understand the reactions taking place in the Li-air battery as it is charged and discharged. Such an understanding is essential if we are to evaluate whether the exceptional potential performance of this electrochemical device could be achieved in practice.

The main disadvantage of the non-aqueous Li-air battery lies in the precipitation of an insoluble product at the air cathode, upon cell discharge. This, in turn, limits the practical capacity of the electrochemical device, i.e. the amount of stored electric charge, and renders the electrochemical reaction highly irreversible. The scope of this PhD thesis was to (i) investigate the effect of catalyst type and electrode porosity onto the electrochemical behaviour of the air cathode and (ii) study the chemical and electrochemical reactions of the cell.

We studied the hydrogen peroxide decomposition over a wide range of transition metal oxide powders. The results have been compared with the charging voltage of the Li-air cell starting in the discharged state (i.e. containing Li$_2$O$_2$) and containing the same transition metal oxides. A strong correlation between the rate of H$_2$O$_2$ decomposition and the charging voltage of the Li-air cell has been observed, the highest H$_2$O$_2$ decomposition rates coming with the lowest charging voltage, as low as 3,5 V vs. Li$^+$/Li^0 for high surface area α-MnO$_2$.

As is the case for any reaction taking place at a surface, large surface area can be an advantage. However the largest surface areas are associated with microporous carbons (pore size less than 2 nm) and these are too small to incorporate the catalyst, too small for efficient electrolytes ingress, and such small pores would become clogged by the discharge products. As a result, mesoporous carbons will be favoured as they allow the catalyst to be homogeneously distributed through the porous volume, permit efficient mass transport and accessibility of electrolytic species, and minimize clogging of the pores by the discharge product.

Chemical (e.g. oxidation of Mn^{2+} solution) catalyst formation/deposition methods have been employed, and the conditions varied to control particle size, shape and distribution of the latter within the volume of the porous 3D carbon. This aimed at improving the electrode reactions kinetics as well as reducing the amount of catalyst present in the air cathode. We successfully prepared carbon/α-MnO_2 composites showing an enhanced electrochemical behaviour (i.e. larger specific capacity and weaker hysteresis between charge and discharge potentials).

Understanding the fundamental reactions taking place in the Li-air cell is an important scientific challenge. In this work we demonstrate the significant extent to which organic carbonate electrolytes and carbon electrodes, used in previous Li-air cells, form lithium alkyl carbonates and Li_2CO_3 on discharge. Nevertheless, the reversible reduction of O_2 to form Li_2O_2 can occur in the Li-air cell if stable electrolytes (e.g. CH_3CN) and stable electrodes (Au) are used. By employing Surface Enhanced Raman Spectroscopy we provide direct spectroscopic evidence that on O_2 reduction (discharge), Li_2O_2 forms via the growth of LiO_2 as an intermediate on the electrode surface, thus directly demonstrating the discharge mechanism: $O_2 + e^- \rightarrow O_2^{-\cdot}$, $Li^+ + O_2^{-\cdot} \rightarrow LiO_2$, then $2LiO_2 \rightarrow 2Li_2O_2 + O_2$. Finally we show that on oxidation (charging), Li_2O_2 is oxidized to Li^+, e^- and O_2 without passing through LiO_2 or $O_2^{-\cdot}$ intermediates, i.e. the oxidation mechanism is not the reverse of reduction. These results help explain the widely observed separation between the charge and discharge voltages in Li-air cells, the vital role of the electrolyte and electrode substrate, and highlight new directions for further advances in the Li-air battery.

Introduction générale

Le XXIème siècle est d'ores et déjà considéré comme le siècle de tous les défis, aussi bien au niveau scientifique qu'économique ou bien encore environnemental. Une croissance démographique sans précédent (6,1 milliards d'Hommes en 2000 contre 1,7 en 1900[a]) associée à une qualité de vie en constante hausse (développement d'internet et de l'information grand public, généralisation des téléphones portables, miniaturisation d'appareils électroniques, etc.) contribue à une consommation en énergie qui explose. Les énergies fossiles telles que le charbon et le pétrole restent les moyens actuels de production d'énergie, cependant leur épuisement et leurs effets néfastes sur l'écologie ont poussé le développement de nouveaux moyens de produire, stocker et convertir l'énergie. Les énergies renouvelables telles que l'énergie solaire, éolienne ou des marées, constituent des alternatives propres à la production d'énergie, malgré leur intermittence et un coût certain de développement, elles constituent des sources énergétiques infinies et «vertes». Néanmoins, produire de l'énergie nécessite également de pouvoir la stocker, afin de pouvoir par la suite en restituer à tout moment et ceci avec le meilleur rendement énergétique. Les générateurs électrochimiques, plus communément appelés batteries, constituent à l'heure actuelle le moyen de stockage de l'énergie le plus fiable.

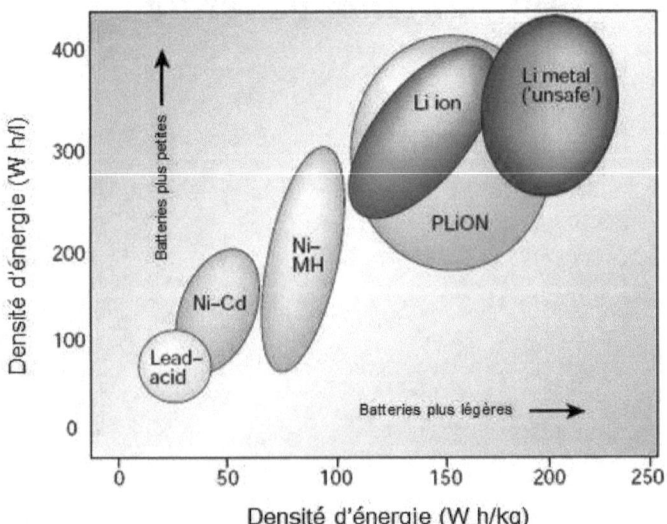

Figure 1. *Comparaison des densités d'énergie des principaux types de batteries* **[1]**.

---

[a] Chiffres de l'encyclopédie libre Wikipédia.

Une batterie se compose de deux électrodes (collecteur de courant + composés électroactifs) en jonction ionique via un système d'électrolyte(s) (substance qui peut être soit liquide soit solide permettant le passage du courant électrique par déplacement d'espèces ioniques mobiles) et pouvant donner lieu à une électrolyse. Par convention, et quel que soit le type de batterie, on désigne par électrode positive la borne qui présente le potentiel le plus haut et par opposition, négative, la seconde électrode. Le progrès dans le domaine des générateurs électrochimiques a été très marqué vers le début des années 1990 et l'apparition de la technologie Li-ion développée par Sony [2]. Ce type de batteries possède aujourd'hui les plus hautes densités d'énergie.

De nos jours, 25 à 30% des émissions de CO_2 rejetées dans l'atmosphère proviennent des énergies fossiles que nous consommons quotidiennement pour le transport. Une nette diminution de ces émissions est devenue aujourd'hui un problème d'ordre public que chaque individu doit considérer. Le passage aux véhicules électriques ou hybrides est devenu une nécessité. Cependant, remplacer le moteur à combustion par un moteur en partie ou intégralement électrique implique le développement de batteries ayant les autonomies adéquates. La technologie Li-ion, en raison des performances obtenues par rapport aux technologies Ni-Cd, Ni-MH ou plomb-acide, est ainsi apparue comme le candidat idéal pour une telle application. Il n'en demeure pas moins que des problèmes de sécurité, coût et autonomie freinent encore son implémentation.

Ainsi, le développement de batteries rechargeables ayant des densités d'énergie supérieures à celles des actuelles batteries Li-ion est indispensable pour que des véhicules électriques, d'autonomies convenables ($\approx$500 kms), puissent un jour envahir le marché mondial. Evidemment ceci n'est pas une tâche aisée et les chances de succès ne sont, bien entendu, pas garanties. Néanmoins, les technologies d'accumulateurs lithium-soufre et lithium-air, jadis délaissées en raison de la difficulté des nombreux verrous scientifiques restant à lever, refont surface et viennent bouleverser la tendance. La dernière approche mentionnée peut être développée en milieux aqueux (Li/air) et anhydre (Li/O_2). Tous ces candidats offrent la possibilité d'étendre les densités d'énergie des accumulateurs électrochimiques aux exigences du marché automobile [3]. Cependant, aucun de ces systèmes n'est aujourd'hui une technologie en soi, et de nombreuses études approfondies évaluent actuellement le réel potentiel ainsi que la viabilité de ces nouveaux types d'accumulateurs.

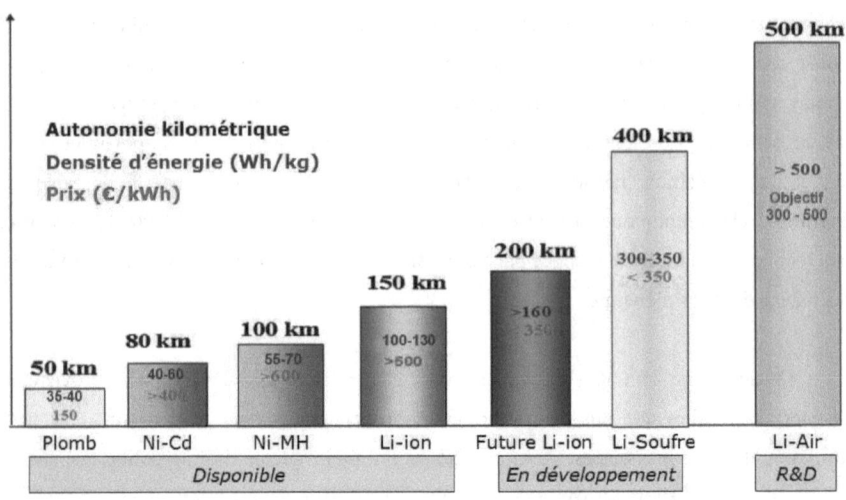

Figure 2. *Comparaison des différents types de batteries incluant le lithium-air pour une application automobile.*

D'autres métaux tels que le zinc, l'aluminium ou le fer ont également été étudiés comme électrode négative de batterie métal/air **[4,5,6,7,8,9,10,11]**. Ces systèmes atteignent des densités d'énergie supérieures à la plupart des actuelles batteries primaires ou rechargeables du marché **[12,13,14,15,16,17,18,19,20,21]**. Des travaux considérables furent menés au cours des années 1960-70 **[22,23,24]**. Cependant, ces efforts se réduisirent vers le milieu des années 1980 alors que la cyclabilité d'une électrode à air s'avérait être un challenge considérable. Des avancées plus récentes dans le domaine des matériaux d'électrode et d'électrolyte, ainsi que dans la conception de batteries, ont relancé l'attrait pour de tels systèmes, et plus particulièrement concernant les batteries lithium/air **[16,25,26,27]**. Contrairement aux autres systèmes dans lesquels les matériaux d'électrode sont présents à l'intérieur de la batterie, les couples métal/air sont uniques du fait que la matière active de l'électrode positive n'est pas stockée dans la batterie. Au contraire, l'oxygène peut être absorbé depuis l'atmosphère environnante et électrochimiquement réduit à la surface de l'électrode, cette dernière pouvant contenir un catalyseur afin d'accélérer les cinétiques réactionnelles. La plupart des batteries métal/air emploient un électrolyte aqueux, tel que la potasse concentrée.

L'équation bilan typique de la réaction électrochimique de cellule dans une batterie métal/air aqueuse peut s'écrire de la sorte:

$$M + n/4 \, O_2 + n/2 \, H_2O \rightarrow M(OH)_n$$

où M représente le métal utilisé (M= Zn, Al, Li, Mg, Ca, etc.) à l'électrode négative (l'anode). Cette équation indique que l'électrolyte prend part à la réaction électrochimique et le produit de la réaction est un hydroxyde métallique. En comparaison, dans les batteries métal/air (métal/O_2) non aqueuses, ou anhydres, l'électrolyte ne participe pas à la réaction, comme le montrent les équations ci-dessous :

$$M + 1/4 \, O_2 \rightarrow 1/2 \, M_2O$$
$$M + 1/2 \, O_2 \rightarrow 1/2 \, M_2O_2$$

Attributs des batteries primaires (i.e. non rechargeables) métal/oxygène:

- Hautes capacités et énergies spécifiques. Les valeurs théoriques spécifiques de capacité et d'énergie d'une batterie sont calculées en fonction des masses d'électrodes négative et positive participant à la réaction électrochimique échangeant une mole de charge. Dans le cas des batteries métal/air cependant, puisque l'oxygène matière active de l'électrode positive provient de l'air, certains auteurs reportent les valeurs théoriques de capacité et d'énergie en se basant sur le potentiel électrochimique et la capacité de l'anode seule [28]. Les couples métal/air ayant un potentiel électrochimique élevé et une haute capacité spécifique ont été largement étudiés. Parmi les capacités théoriques des différents métaux, le lithium, métal le plus léger[b], possède la plus haute valeur de 3,862 A h/g. Les valeurs calculées de potentiel de cellule à circuit ouvert y sont également reportées. En pratique ces valeurs sont plus basses que les valeurs théoriques, en raison d'une cinétique limitante des électrodes qui est la plus prononcée, pour les systèmes au magnésium et à l'aluminium. En considérant cette différence, la densité d'énergie pratique d'une batterie métal/air doit être calculée en employant le potentiel réel équivalent à la tension délivrée par la pile qui devient batterie si cette dernière peut être rechargée.

---

[b] Masse molaire du lithium M_{Li}= 6.94 g/mol; Masse volumique ρ_{Li}= 0.53 g/cm^3.

Réaction électrochimique	Capacité[c] théorique (A h/kg)	Potentiel théorique (V)	Potentiel pratique (V)	Densité d'énergie[d] (W h/kg)	Densité d'énergie[e] (W h/kg)	Densité d'énergie[f] (W h/kg)
En milieu non aqueux :						
$Li + ¼ O_2 \rightarrow ½ Li_2O$	3862	2,91	-	10813	-	5220
$Li + ½ O_2 \rightarrow ½ Li_2O_2$	3862	3,1	2,7	11586	-	3620
En milieu aqueux :						
$Li + ¼ O_2 + ½ H_2O \rightarrow LiOH$[g]	3862	3,45	3	11586	5044	3359
$Zn + ½ O_2 \rightarrow ZnO$	820	1,65	1,1	902	902	725
$Al + ¾ O_2 + 1½ H_2O \rightarrow Al(OH)_3$	2980	2,71	1,3	3874	1936	1340
$Mg + ½ O_2 + H_2O \rightarrow Mg(OH)_2$	2205	2,93	1,3	2867	1647	1195
$Fe + ½ O_2 + H_2O \rightarrow Fe(OH)_2$	960	1,3	1	960	726	597
$Ca + ½ O_2 + H_2O \rightarrow Ca(OH)_2$	1337	3,12	2	2675	1846	1447
En accumulateur à ions lithium :						
$C + LiCoO_2 \rightarrow xLiC_6 + Li_{1-x}CoO_2$[h]	≈140	3,6	≈3,6	-	-	≈500

Table 1. *Caractéristiques théoriques des systèmes primaires métal/air* **[28]**.

La densité d'énergie des batteries métal/air peut être calculée en se basant sur différentes masses:

- Le poids de l'anode seule: Dans le cas du lithium, le couple lithium-air a une densité d'énergie d'environ 11,000 W h/kg.

- Le poids du métal et de l'eau (ou d'autres réactifs participant à la réaction) : cela est dû au fait que dans la plupart des systèmes métal-air employant un électrolyte aqueux, l'eau se trouve consommée au cours de la réaction de décharge. Ainsi des diminutions de densité d'énergie de plus de 50% peuvent en résulter dans le cas du lithium aqueux.

- Le poids des produits de la réaction: Puisque les batteries métal/air sont des systèmes ouverts et que l'oxygène n'est point embarqué à l'intérieur de la batterie au début de son opération, le poids de ce dernier n'est pas pris en compte lors du calcul théorique de la densité d'énergie. Cependant, le poids de ces batteries augmente à mesure que la réaction métal/oxygène ou métal/oxygène/eau avance. C'est pourquoi il est également important d'évaluer la densité d'énergie d'une batterie métal/air en se basant sur la masse des produits de réaction.

---

[c] Capacité théorique du métal seul.
[d] Densité d'énergie théorique du métal seul.
[e] Densité d'énergie basée sur le métal et l'eau (milieu aqueux).
[f] Densité d'énergie basée sur le(s) produit(s) de la réaction de décharge.
[g] En milieu alcalin employant une électrode de lithium protégée [16].
[h] Valeurs exprimées par kilogramme de matière active $Li_{1-x}CoO_2$ avec x= 0.5.

- Une cathode à faible coût. Au-delà des performances exacerbées de ce type de batteries en terme de densité d'énergie, un autre avantage du système Li-air est qu'il s'inscrit parfaitement dans le contexte du développement durable car il repose sur l'utilisation d'un comburant : l'oxygène, qui est une source illimitée de matière première. Il en est de même des matériaux supports de cette électrode à air que sont des noirs de carbone et les oxydes de manganèse. Il résulte de tous ces aspects cumulés que l'électrode à air est, sans nul doute, d'un coût bien moindre que les électrodes d'insertion, telles l'oxyde de cobalt lithié, actuellement utilisées dans les technologies lithium-ion commerciales.

- Une cathode de faible épaisseur. Les réactions de cellule des batteries métal/air aqueuses sont décrites sur la **figure 3 (a)** (où M = Zn, Al, Mg, Fe, Ca). Une caractéristique importante de tels systèmes est que l'ion hydroxyde (OH^-) est le porteur de charge depuis l'électrode à air jusqu'à l'anode. Il en résulte que les produits de réaction $M(OH)_n$ s'accumulent à l'électrode négative (sauf pour le système au zinc, espèce soluble $Zn(OH)_4^{2-}$), si bien qu'aucun produit de réaction ne vient bloquer l'électrode à air et ainsi la diffusion de l'oxygène. De ce fait, une mince couche de noir de carbone d'environ 0,1 à 0,3 mm d'épaisseur peut être employée comme électrode à air.

<u>Inconvénients des batteries primaires métal/oxygène:</u>
Les batteries métal/air, au contraire des systèmes Li-ion ou autres, sont des systèmes ouverts et par conséquent sont exposés à différents problèmes.

- Limitations de puissance. La faible solubilité ainsi que les faibles coefficients de diffusion de l'oxygène dans l'électrolyte imprégnant l'électrode, au travers et vers la surface de cette dernière, peuvent être des facteurs augmentant, respectivement, la polarisation et limitant la puissance de ces systèmes. A hautes densités de courant, d'importants gradients de concentration peuvent être générés dans l'épaisseur de l'électrode, menant à une précipitation non uniforme des produits de réaction dans la cathode **[29]**.

- Evaporation et consommation de l'électrolyte. L'évaporation de l'électrolyte, due à la volatilité des solvants employés, doit être minimisée. C'est pourquoi les batteries métal/air doivent être maintenues fermées lorsqu'elles ne sont pas utilisées mais simplement stockées. De plus, dans le cas des batteries métal/air aqueuses, le solvant est consommé durant la décharge, ce qui tend à limiter la capacité pratique de la pile à la longue, rappelant ainsi les accumulateurs plomb-acide du passé dans lesquels on devait ajouter de l'eau, pour différentes raisons (e.g. décomposition de l'eau lors des recharges de ces accumulateurs bien au delà du potentiel thermodynamique de 1.23 V par rapport à l'Electrode Normale à Hydrogène).

- **Réactions secondaires.** La diffusion de gaz, autres que l'oxygène pur depuis l'environnement vers l'intérieur de la batterie, peut également être nuisible à leur durée de vie, dû aux impuretés qu'ils contiennent. L'entrée de dioxyde de carbone (CO_2) peut, par exemple, conduire à la formation de carbonates solides et en général insolubles (carbonatation), venant bloquer l'électrode à air, K_2CO_3 dans les batteries métal/air aqueuses[i] ou Li_2CO_3 dans les batteries Li/air non aqueuses. Pour les systèmes non aqueux, la pénétration éventuelle d'humidité peut dégrader fortement l'électrolyte et corroder le métal de l'anode à moins cependant de protéger cette dernière [16]. De plus, toujours dans le cas des batteries anhydres lithium/oxygène, la réactivité chimique des espèces réduites de l'oxygène[j] [30] (e.g. O_2^-) vis-à-vis du solvant ou de l'anion du sel dissous (Li^+X^-) provoque des réactions secondaires pouvant fortement dégrader l'électrolyte et ainsi limiter la cyclabilité d'un accumulateur.

- **Produits de décharge solides.** Nous illustrerons ce point par le travers d'une batterie Li/air basée sur un électrolyte non aqueux **figure 3 (b)** avec, notamment, la formation de Li_2O_2 et éventuellement d'un autre produit de réaction qu'est Li_2O. Lors de la décharge d'un tel système, les ions lithium Li^+ diffusent depuis l'anode vers l'électrode à air, au contraire des ions OH^- cités précédemment pour les systèmes métal/air aqueux. Ainsi, les produits de la réaction s'accumulent à l'électrode à air au lieu de l'anode. Si le produit de réaction n'est pas soluble et par conséquent ne peut être dissout dans l'électrolyte, l'électrode à air se retrouve rapidement bloquée (ou passivée), limitant ainsi l'utilisation de l'électrode à des régimes élevés, voire la rendant non-rechargeable dans le cas de décharges profondes. C'est pourquoi de ce point de vue, un électrolyte étant capable de partiellement dissoudre Li_2O_2 serait désirable en vue d'une opération plus efficace des batteries lithium/air non aqueuses[k]. Bien qu'un système aqueux semble avoir un avantage ici, on notera que les produits solides finissent également par bloquer l'anode lorsque le métal a été complètement oxydé (e.g. Zn en ZnO pour les piles zinc/air).

---

[i] Employant un électrolyte à base de potasse KOH.
[j] De type ion radicalaire superoxide O_2^-, base et nucléophile relativement puissants.
[k] Cela pourrait cependant compromettre la rechargeabilité ou du moins le rendement coulombique du système puisque le produit de décharge ne serait plus en contact avec le collecteur de courant.

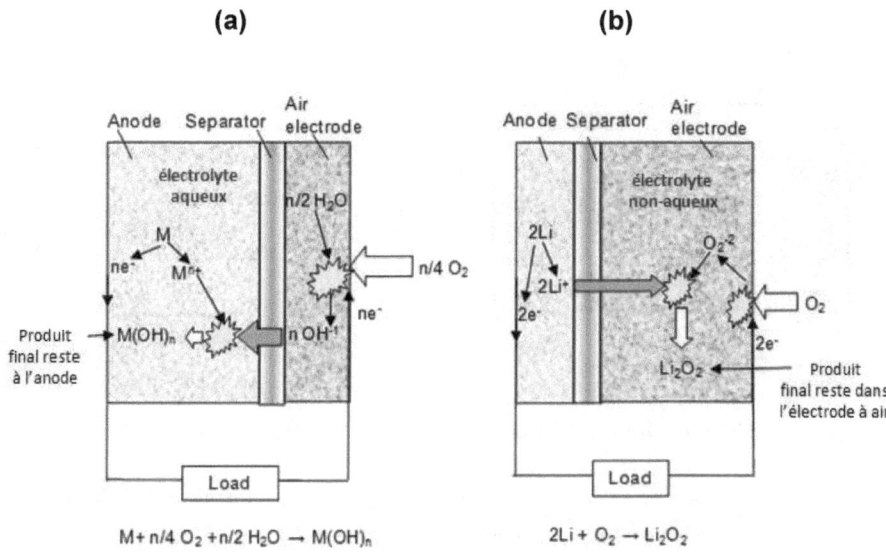

Figure 3. *Schématisation des réactions de batteries métal-air A) employant un électrolyte aqueux, où M représente le métal (Zn, Al, Mg, Fe, Ca, etc.). L'ion hydroxyde (OH⁻) est le transporteur de charge diffusant de l'électrode à air vers l'anode. Les produits de réaction $M(OH)_n$ s'accumulent à l'anode. B) Batterie lithium/air non-aqueuse où le produit de réaction s'accumule à l'électrode à air.*

Systèmes zinc/air:

Les batteries à anode de zinc existent depuis Volta (1800), cependant l'idée d'associer l'électrode métallique à une électrode à air afin de former le premier couple électrochimique «métal/air» date de Leclanché en 1864. En effet, il constata que ses piles zinc/carbone «piles Leclanché» avaient plus de capacité si ces dernières étaient exposées à l'air lors de la décharge, démontrant ainsi pour la première fois la possible réactivité électrochimique de l'oxygène de l'air sur des substrats carbonés. La pile zinc/air a été industrialisée pour un nombre limité d'applications:

- Des piles miniatures haute densité d'énergie des appareils pour sourds ($\approx$450 W h/kg).
- Des piles industrielles pour les clôtures à vaches, lanternes de queue de trains et signalisations de chantier.
- Batteries militaires américaines employées à recharger des batteries lithium-ion (Arotech-Electric Fuel).

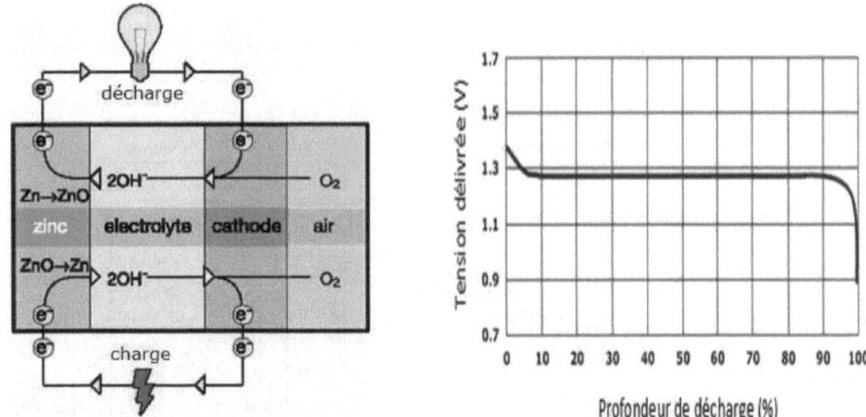

Figure 4. *Schématisation et courbe de décharge caractéristique d'une pile zinc/air* **[31]**.

Les avantages de ce type de piles sont la haute densité d'énergie et le faible coût, au niveau des inconvénients, nous soulignerons la faible puissance et l'autodécharge assez élevée.

Batteries secondaires (i.e. rechargeables) métal-air «lithium-free»:
- Accumulateurs zinc/air électriquement rechargeables. L'étude de l'accumulateur zinc/air a commencé vers 1940 mais s'est vite heurtée à de nombreux problèmes alliant courts-circuits et changements de forme de l'électrode de zinc, autodécharge élevée (corrosion du zinc), noyage ou assèchement de l'électrode à air et carbonatation de l'électrolyte (perte de puissance).

Les progrès faits ces dernières années ont surtout profité à l'électrode de zinc (réduction des dendrites et du « shape change » via des additifs conducteurs ou surtenseurs d'hydrogène). On trouve peu d'exemples d'études ayant atteint le stade de prototypes industriels (batterie de la société AER pour bus électrique aux USA en 1995) **[28]**. Pour remplacer la recharge électrique, des systèmes alternatifs de type pile à combustible ont été proposés:

- Accumulateurs « mécaniquement rechargeables » (remplacement des plaques de zinc déchargées par des plaques neuves), remplacement fréquent de l'électrolyte.

- Accumulateurs «hydrauliquement rechargeables» (circulation d'électrolyte contenant des zincates).

- **Systèmes aluminium/air.** L'aluminium-air est une pile à combustible beaucoup plus qu'une batterie. La réaction de décharge s'écrit:

$$Al + 3/4 \ O_2 + 3/2 \ H_2O \rightarrow Al(OH)_3$$

La tension de décharge est d'environ 1,6 V; de plus, la réaction de décharge consomme exactement 1 kg d'eau pour une mole d'aluminium d'où une énergie théorique maximale des matières actives de 2400 W h/kg. En pratique, l'énergie accessible est de 200 à 400 W/kg et en puissance environ 200 W/kg. Le problème de ces batteries est la réaction concurrente de corrosion de l'aluminium:

$$Al + 3 \ H_2O \rightarrow Al(OH)_3 + 3/2 \ H_2$$

L'autodécharge est très élevée, c'est pourquoi les projets se sont limités à des piles amorçables. Dans les années 80, la société Alcan a développé des systèmes de secours pour réseaux Telecom, associant une batterie plomb pour les courtes pannes (< 10 mn) et une pile amorçable Al-air de durée 48 h. La viabilité économique du système, testée principalement par British Telecom, n'était pas au rendez-vous et le projet s'est arrêté. Une étude plus récente a été conduite par le CEA-Bertin sur un modèle aluminium-air pour des drones.

Les batteries aluminium/air sont principalement employées en systèmes primaires. Il est cependant possible de recharger mécaniquement cette pile en plaçant une nouvelle électrode d'aluminium obtenue à partir du recyclage industriel de l'hydroxyde d'aluminium. Yang et coll. [32] étudièrent les batteries aluminium/air mécaniquement rechargeables en vue d'une application en voiture électrique. Ils montrèrent que le coût d'une électrode d'aluminium employée comme anode en batterie métal/air pouvait être maintenu à 1,1 \$/kg si les produits de réaction étaient recyclés. Cependant, des problèmes liés à la durée de vie de ce type d'accumulateurs ainsi qu'à sa puissance délivrable, principalement lors du démarrage, limitent le développement de l'aluminium/air.

- **Systèmes magnésium/air.** Le magnésium est l'un des éléments les plus abondants sur la planète. La réaction de décharge de ce type de pile s'écrit:

$$Mg + 1/2 \ O_2 + H_2O \rightarrow Mg(OH)_2$$

Le potentiel théorique est de 3,1 V, mais en pratique, le potentiel à circuit ouvert n'est que de 1,3 V. Le magnésium tend à réagir directement avec l'électrolyte, générant des courants de fuite, formant de l'hydroxyde de magnésium et de l'hydrogène. C'est pourquoi ce type de batteries n'a pu être commercialisé. Cependant, elles ont été étudiées pour des applications sous-marines avec emploi de l'oxygène dissous dans l'eau de mer comme comburant de la pile. L'anode est un alliage de magnésium et la cathode à air est une membrane catalytique, qui est activée par l'eau de mer. Le principal avantage est que, hormis l'anode à base de magnésium, tous les réactifs nécessaires sont fournis par l'eau de mer. La batterie a une densité d'énergie d'environ 700 W h/kg [33].

Vu le nombre de systèmes metal-air, mes travaux de thèse se trouveront restreints puisque ne s'intéressant qu'au développement d'accumulateurs lithium/air anhydres (Li/O$_2$) pour lesquels de nombreux verrous scientifiques et technologiques restent à lever. Comme nous avons pu le mentionner plus haut dans cette introduction, les batteries lithium/air sont les dispositifs électrochimiques de stockage les plus denses en énergie. A mi-chemin entre une pile à combustible (emploi du «comburant» l'oxygène) et un accumulateur au lithium (emploi du «carburant» le lithium, ou réservoir d'électrons), cette nouvelle chimie doit faire face aux problèmes de deux technologies associées. Il s'agit de problèmes de cyclabilité de l'électrode de lithium, de maîtrise de l'interface lithium/électrolyte, de stabilité chimique de l'électrolyte, de corrosion du Li par l'oxygène et, non des moindres, de la croissance dendritique du lithium lors du cyclage pour le côté anode. Pour le coté électrode à air, des difficultés liées à l'évaporation de l'électrolyte, à la diffusion et solubilité de l'oxygène, à la formation d'un produit de réaction solide (Li$_2$O$_2$) au lieu de soluble comme dans les piles à combustible (H$_2$O) et enfin à la catalyse des réactions électrochimiques de l'électrode à air. En d'autres termes, la liste peut s'avérer bien longue, c'est pourquoi de nombreux laboratoires et instituts de recherche à travers le monde se sont lancés activement dans le développement et l'optimisation des accumulateurs lithium/air qui suscitent l'engouement actuel de notre communauté, en adressant un à un les différents verrous technologiques.

Au travers de ce manuscrit, nous reviendrons dans un premier temps sur l'état de l'art des systèmes Li/air primaires et rechargeables, aqueux et anhydres, en illustrant également les différents points importants auxquels nous nous sommes intéressés. Puis, nous présenterons plus en détails l'électrode à air et son fonctionnement en milieu anhydre, en soulignant l'importance de la porosité, du type de catalyseur, et autres paramètres importants à la conception d'une électrode à haute densité d'énergie. Par la suite, nous nous intéresserons aux mécanismes électrochimiques de l'électrode à air, par une étude détaillée des réactions de réduction de l'oxygène en milieu aprotique, en fonction du type de cations de l'électrolyte notamment, puis à la caractérisation des produits de réaction. Enfin dans une dernière partie, nous verrons l'effet du type de solvant, de la formulation de l'électrolyte, sur les performances électrochimiques d'une électrode à air, avec en toute fin des études préliminaires réalisées sur de nouveaux matériaux organiques préparés au laboratoire avec pour but de rendre soluble Li_2O_2.

Références bibliographiques

[1]   J.-M. Tarascon, M. Armand, *Nature* **414** 359 (2001)

[2]   Y. Nishi, H. Azuma, and A. Omaru, *Brevet Américain* **US 4959281** (1990)

[3]   Projet LAIR, Seventh Framework Programme, P. G. Bruce et coll. (2010)

[4]   S.-W. Eom, C.-W. Lee, M.-S. Yun, Y.-K. Sun, *Electrochim. Acta* **52** 1592 (2006)

[5]   B. T. Hang, T. Watanabe, M. Eashira, S. Okada, J. Yamaki, S. Hata, S.-H. Yoon, I. Mochida, *J. Power Sources* **150** 261 (2005)

[6]   Z. Wei, W. Huang, S. Zhang, J. Tan, *J. Power Sources* **91** 83 (2000)

[7]   L. Carlsson, L. Öjefors, *J. Electrochem. Soc.* **127** 525 (1980)

[8]   T. Burchardt, *J. Power Sources* **135** 192 (2004)

[9]   A. Himy, *Energy Conversion* **8** 117 (1968)

[10] W. Vielstich, U. Vogel, *Fuel Cell Systems-II* Chapitre **25** 341 (1969)

[11] J. J. Postula, R. Thacker, *Energy Conversion* **10** 45 (1970)

[12] R. P. Hamlen, T. B. Atwater, dans: *Handbook of Batteries, 3e édition.* D. Linden, T. Reddy, éditeurs, 38.1-38.5 (2001)

[13] K. F. Blurton, A. F. Sammells, *J. Power Sources* **4** 263 (1979)

[14] H. Arai, M. Hayashi, Secondary Batteries-metal/air systems | Overview Secondary and Primary, dans: J. Garche, C. Dyer, P. Moseley, Z. Ogumi, D. Rand, B. Scrosati, éditeurs, *Encyclopedia of Electrochemical Power Sources* **5** 347 (2009)

[15] O. Haas, J. Van Wesemael, Secondary Batteries-metal/air systems | Zinc–Air: Electrical Recharge, dans: J. Garche, C. Dyer, P. Moseley, Z. Ogumi, D. Rand, B. Scrosati, éditeurs, *Encyclopedia of Electrochemical Power Sources* **5** 384 (2009)

[16]   S. J. Visco, E Nimon, L. C. De Jonghe, Secondary Batteries-metal/air systems | Lithium-Air, dans: J. Garche, C. Dyer, P. Moseley, Z. Ogumi, D. Rand, B. Scrosati, éditeurs, *Encyclopedia of Electrochemical Power Sources* **5** 376 (2009)

[17]   S. Smedley, X. G. Zhang, Secondary Batteries-metal/air systems | Zinc–Air: Hydraulic Recharge, dans: J. Garche, C. Dyer, P. Moseley, Z. Ogumi, D. Rand, B. Scrosati, éditeurs, *Encyclopedia of Electrochemical Power Sources* **5** 393 (2009)

[18]   X. G. Zhang, Zinc Electrodes: Overview, dans: J. Garche, C. Dyer, P. Moseley, Z. Ogumi, D. Rand, B. Scrosati, éditeurs, *Encyclopedia of Electrochemical Power Sources* **5** 454 (2009)

[19]   M. Egashira, Secondary Batteries-metal/air systems | Iron–Air Secondary and Primary, dans: J. Garche, C. Dyer, P. Moseley, Z. Ogumi, D. Rand, B. Scrosati, éditeurs, *Encyclopedia of Electrochemical Power Sources* **5** 372 (2009)

[20]   L. Jöerissen, Secondary Batteries-metal/air systems | Bifunctional Oxygen Electrodes, dans: J. Garche, C. Dyer, P. Moseley, Z. Ogumi, D. Rand, B. Scrosati, éditeurs, *Encyclopedia of Electrochemical Power Sources* **5** 356 (2009)

[21]   X. G. Zhang, Zinc Electrodes: Overview, dans: J. Garche, C. Dyer, P. Moseley, Z. Ogumi, D. Rand, B. Scrosati, éditeurs, *Encyclopedia of Electrochemical Power Sources* **5** 454 (2009)

[22]   D. P. Gregory, *Metal-Air Batteries*, Mills and Boon, London (1972)

[23]   K. F. Blurton, H. G. Oswin, *Am. Chem. Soc., Div. Fuel Chem. Proc.*, **4** (1972)

[24]   H. G. Oswin, AGARD (1967), AF Aero Propulsion Lab. and Aerospace Res. Labs 396 (1968)

[25]   K. M. Abraham, Z. Jiang, *J. Electrochem. Soc.* **143** 1 (1996)

[26]   K. M. Abraham, Z. Jiang, *Brevet Américain* **US 5510209** (1996)

[27]   A. Dobley, C. Morein, R. Roark, K. M. Abraham, *42nd Power Sources Conference* (2006)

[28]   A. De-Guibert, Saft Groupe SA, Séminaire sur les batteries métal/air, CNAM Paris (2010)

[29]   S. S. Sandhu, J. P. Fellner, G.W. Brutchen, *J Power Sources* **164** 365 (2007)

[30]   D. T. Sawyer, J. S. Valentine, *Acc. Chem. Res.* **14** 393 (1981)

[31]   http://data.energizer.com/PDFs/zincair_appman.pdf

[32]   S. Yang, H. Knickle, *J. Power Sources* **112** 162 (2002)

[33]   R. P. Hamlen, T. B. Atwater, dans: *Handbook of Batteries, 3è edition.* D. Linden, T. Reddy, éditeurs, 38.5 (2001)

Chapitre I
Etat de l'art de l'électrode à air dans les systèmes aqueux et non aqueux à base de lithium

1   Introduction

La technologie à ions lithium aujourd'hui utilisée dans la plupart des appareils électroniques portatifs repose sur l'emploi de matériaux d'intercalation tels le graphite et $LiCoO_2$ [1,2,3]. Au cours de la première charge de la batterie, les ions lithium sont extraits via l'oxydation électrochimique du métal de transition (Co^{3+} en Co^{4+}) à l'électrode positive, diffusent au travers de l'électrolyte et viennent s'intercaler entre les feuillets de l'électrode négative en graphite. La décharge successive est simplement la réaction en sens opposé. Elle génère de façon spontanée la circulation d'électrons dans le circuit externe et ainsi l'énergie électrique.

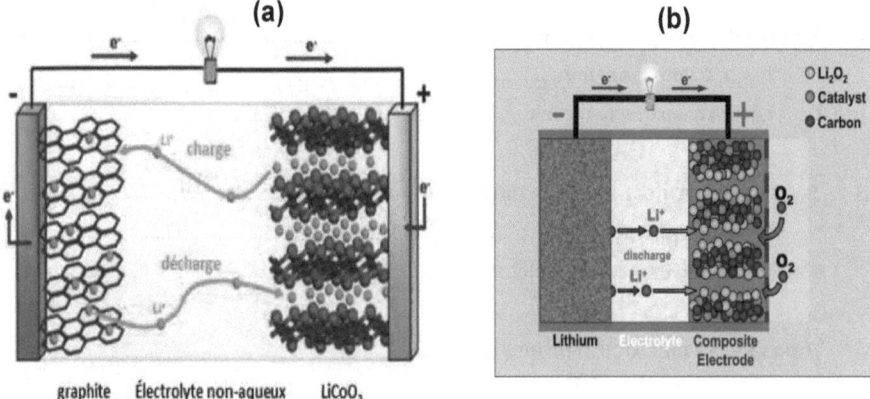

Figure 1. *Schématisation et principe de fonctionnement d'un accumulateur **A**) lithium-ion classique et* ***B**) lithium-air non aqueux.*

La densité d'énergie de ce type d'accumulateurs est limitée par l'électrode positive. En effet la capacité gravimétrique de $LiCoO_2$ ($\approx$ **150 mA h/g**) est restreinte, pour des raisons de stabilité du matériau, par la quantité de lithium desintercalé au cours de la charge ($\approx 0,5$ Li^+ par métal de transition). De nombreux groupes de recherche étudient actuellement de nouveaux matériaux cathodiques en vue d'accroître les performances électrochimiques des accumulateurs à ions lithium. Les expectatives les plus optimistes envisagent un doublement de la capacité actuelle ($\approx$ 300 mA h/g, 1 Li^+ par métal de transition). Cependant, si les accumulateurs à ions lithium doivent un jour alimenter en énergie les moteurs électriques des véhicules de demain, une approche totalement radicale dans le développement de batteries lithium haute densité est indispensable. On notera que la réaction électrochimique d'une mole de dioxygène avec deux moles de lithium en milieu aprotique permet d'obtenir des capacités spécifiques théoriques dix fois supérieures aux performances actuelles[a] :

$$O_{2\,(g)} + 2\,Li^+_{(solv)} + 2\,e^- \rightarrow Li_2O_{2\,(s)} \quad Q_{théorique} = \frac{nF}{M} = 1,675 \text{ A h/g} = \textbf{1675 mA h/g}$$

Avec **n**: nombre d'électron(s) échangé(s) (=2)

F: constant de Faraday (=26,80 A h/mol)

Q : capacité spécifique (A h/g)

M : poids moléculaire du dioxygène (=32 g/mol)

La différence majeure avec les accumulateurs à ions lithium est la nature de l'électrode positive. En effet, l'électrode classique d'intercalation d'ions lithium est remplacée par une électrode poreuse à base de noir de carbone (conducteur électronique) et d'un catalyseur favorisant la réduction de l'oxygène[b]. La structure poreuse de l'électrode à air résultante permet aux ions lithium présents dans l'électrolyte de réagir avec l'oxygène électrochimiquement réduit et les électrons pour former un produit de réaction solide qu'est le peroxyde de lithium. Contrairement aux accumulateurs classiques qui ont besoin d'être activés électrochimiquement via une première charge, ces derniers sont directement opérationnels dès leur assemblage. La batterie lithium-air peut en effet être directement utilisée en décharge. Au cours de celle-ci les ions lithium électrochimiquement générés diffusent au travers de l'électrolyte jusqu'aux sites catalytiques de l'électrode positive tandis que les électrons circulent via le circuit externe de la batterie pour rejoindre la cathode. Durant la décharge, l'oxygène se dissout dans l'électrolyte, diffuse vers la surface et dans l'épaisseur de l'électrode à air où il est électrochimiquement réduit en ions superoxide O_2^-, peroxyde O_2^{2-} ou oxyde O^{2-} (fonction du milieu, aqueux ou anhydre) (**figure 1 (b)**).

---

[a] Ici nous exprimons la capacité spécifique théorique par gramme de dioxygène consommé, cette valeur diminue lorsqu'on l'exprime par gramme de peroxyde de lithium Li_2O_2 formé (1165 mA h/g).

[b] En général un oxyde de métal de transition comme le dioxyde de manganèse, oxyde de valence mixte Mn^{III}/Mn^{IV}, bon conducteur électronique.

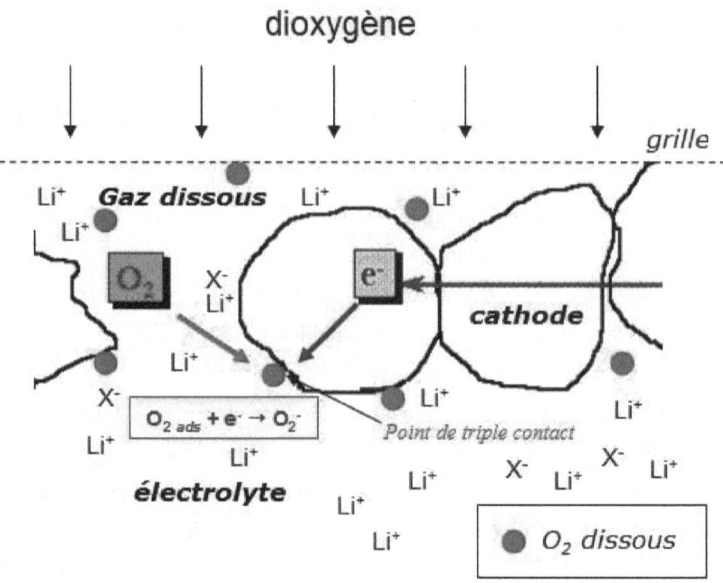

Figure 2. *Schématisation de la réduction de l'oxygène en milieu aprotique au point de triple contact gaz-solide (conducteur électronique)-liquide (conducteur ionique) de l'électrode à air. Li^+ et X : ions solvatés du sel support (X= PF_6, ClO_4, TFSI, etc.).*

Sachant que l'oxygène (*gaz*) a besoin d'électrons apportés par la cathode (*solide*) pour diffuser à l'état réduit (anion mono ou dichargé) à travers l'électrolyte (*liquide*), le siège de la réaction se déroule au point de triple contact (**figure 2**). Dans un système électrolyte-cathode poreuse, l'ensemble des points triples se situe à la jonction cathode-électrolyte (i.e. l'interface). Cette interface triple gouverne le fonctionnement efficace de l'électrode à air avec notamment des limitations au niveau i) des vitesses de diffusion des espèces électroactives (Li^+ et O_2) vers les points de réaction ou bien ii) de l'étape d'adsorption de l'oxygène à la surface de la particule chargée[c]. L'utilisation de cathodes poreuses et d'un mélange carbone-catalyseur de très haute surface spécifique, entre autres, permet d'améliorer les performances électrochimiques de l'électrode à air (puissance et capacité de stockage) via notamment la réduction des surtensions liées à l'accomplissement des processus électrochimiques.

---

[c] L'étape d'adsorption peut jouer un rôle prédominant dans la cinétique de la réaction (électro)chimique.

Les produits de réaction formés à l'électrode à air dépendent directement de la nature de la solution électrolytique :

- **En milieu aqueux**, la réaction électrochimique de cellule s'écrit [4]:

En milieu acide,

$$2 \text{ Li} + 1/2 \text{ O}_2 + 2 \text{ H}^+ \rightarrow 2 \text{ Li}^+ + \text{H}_2\text{O} \qquad E^0 = 4,274 \text{ V}$$

En milieu neutre ou alcalin,

$$\text{Li} + 1/4 \text{ O}_2 + 1/2 \text{ H}_2\text{O} \rightarrow \text{LiOH} \qquad E^0 = 3,446 \text{ V}$$

- **En milieu anhydre** (non aqueux), les différentes réactions électrochimiques envisageables s'écrivent [5]:

$$\text{Li} + 1/2 \text{ O}_2 \rightarrow 1/2 \text{ Li}_2\text{O}_2 \qquad E^0 = 3,10 \text{ V}$$
$$\text{Li} + 1/4 \text{ O}_2 \rightarrow 1/2 \text{ Li}_2\text{O} \qquad E^0 = 2,91 \text{ V}$$
$$\text{Li} + \text{O}_2 \rightarrow \text{LiO}_2 \qquad E^0 = 3,0 \text{ V}$$

Les valeurs de potentiels théoriques ($\Delta G^0 = -\text{nF}\Delta E^0$) ont été calculées à partir des tables thermodynamiques reportant les valeurs d'énergies libres de formation de Gibbs $\Delta G^0{}_f$ [6].

La différence majeure entre les systèmes aqueux et anhydres repose sur la solubilité des produits de réaction dans les milieux réactionnels associés. En milieu aqueux, les produits de décharge sont largement solubles (solubilité LiOH : 5,3 mol/L à 20°C), ainsi les performances électrochimiques sont, en théorie, limitées par la quantité de lithium employée à l'anode[d]. En milieu organique, les produits de décharge sont insolubles (solubilité Li_2O_2[e] : $3 \cdot 10^{-4}$ mol/L dans le DMF à 20°C), précipitant dans l'électrode positive de carbone et paralysant l'avancement de la réaction[f].

---

[d] Nous verrons par la suite que la solubilité des produits de décharge dans l'eau est également un facteur limitant la capacité des batteries lithium-air aqueuses.
[e] Calculée par dosage du Li en solution en spectrométrie d'absorption atomique.
[f] Li_2O_2 et Li_2O sont des isolants (très mauvais conducteur électronique) et par conséquent enrobent les particules actives de l'électrode à air, interrompant ainsi le processus électrochimique.

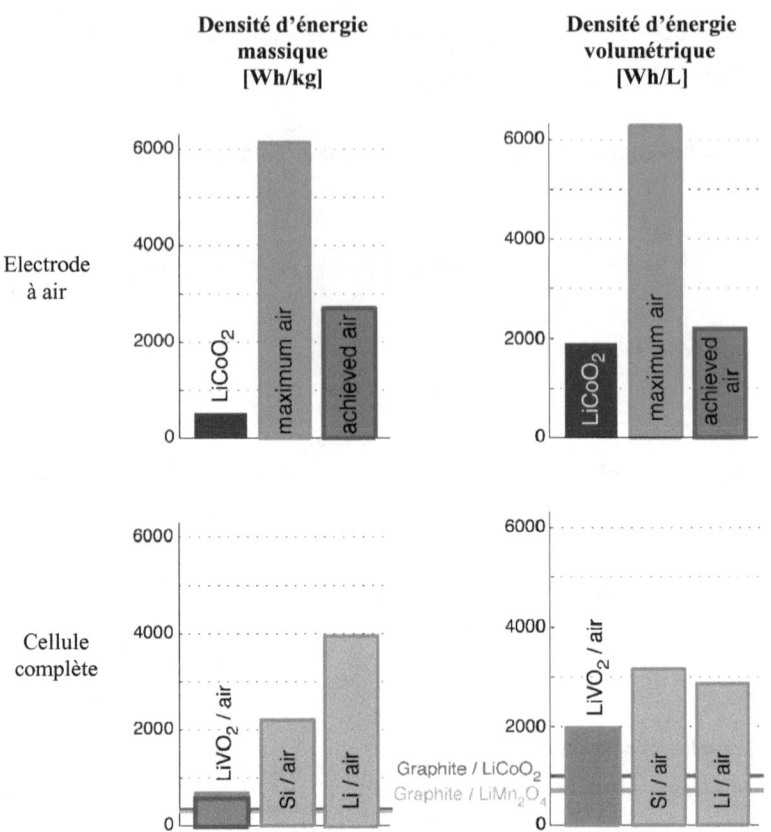

Figure 3. *Comparaison du lithium-air anhydre au lithium-ion commercial. Prédiction des performances électrochimiques (densités d'énergie) des accumulateurs Li/air anhydres. « Valeur maximale » représente la valeur théorique atteignable avec Li_2O en produit final de décharge. La masse totale de cathode à air (carbone + catalyseur + liant + oxygène) est utilisée pour normaliser la capacité. Pour les systèmes complets, la masse de lithium nécessaire à la réalisation d'une décharge est considérée (le détail des calculs se trouve dans l'**Annexe A**).*

Les performances électrochimiques (densité d'énergie) sont ainsi limitées par la formation d'un produit solide à l'électrode (lithium air anhydre) ou dans l'électrolyte (lithium air aqueux, à saturation en LiOH). Malgré cela les capacités gravimétriques et volumétriques de stockage sont bien supérieures à celles obtenues pour les accumulateurs à ions Li. La batterie lithium air non-aqueuse, résultant de la combinaison électrode à air - électrolyte - anode de haute capacité (lithium), possède donc en théorie une densité d'énergie gravimétrique (W h/kg) 7 à 10 fois supérieure (énergie volumétrique x3) à celle des actuelles batteries lithium-ion, mais ces estimations (**figure 3**) sont réalisées sans prendre en compte le

« packaging » de la batterie et autres attributs électroniques. De plus, remplacer les matériaux d'intercalation par une électrode à air représente une diminution importante du coût de fabrication d'une électrode positive pour accumulateurs haute densité.

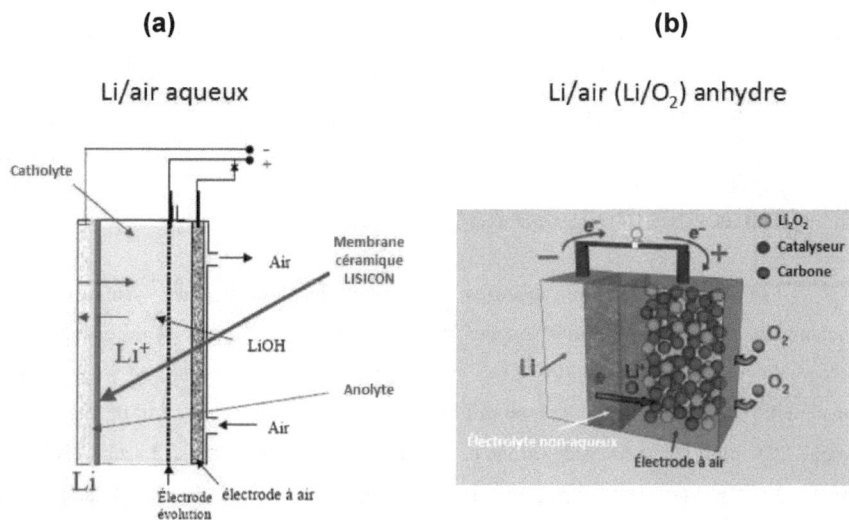

Figure 4. *Schématisation A) d'une batterie lithium-air aqueuse développée par EDF France* **[7]** *et B) d'une batterie lithium-air (Li-O₂) non-aqueuse (StAIR Battery* **[8]***).*

Les performances (tension, capacité pratique) d'une batterie lithium-air dépendent grandement de l'électrode à air et de son efficacité dans la conduite des réactions électrochimiques. Ce type d'électrode doit répondre à un cahier des charges bien particulier. Elle doit comporter une surface spécifique élevée et électrochimiquement active, afin d'exacerber les cinétiques de réaction de réduction de l'oxygène (nombre de sites actifs), mais également d'assurer la régénération de l'oxygène dans le cas des batteries rechargeables. De plus, elle doit présenter une bonne conductivité électronique, afin de minimiser la chute en tension dans l'électrode, et cela grâce à l'emploi d'un matériau conducteur de type noir de carbone[g]. L'électrode doit être également fine et légère afin de minimiser le poids total de la batterie **[9]** et d'augmenter les cinétiques de réaction. Enfin, la porosité doit être optimale avec des tailles de pores suffisamment larges, pour permettre la pénétration de l'électrolyte, de l'oxygène, mais aussi le stockage de Li_2O_2 dans le cas des batteries lithium-air non-

---

[g] De l'or en poudre (inintéressant pour l'application à cause de son coût élevé) est également utilisé à l'échelle du laboratoire.

aqueuses. La minimisation de l'obturation des pores par le produit de réaction ainsi que la maximisation des points de contact entre le produit et l'électrode sont des paramètres essentiels à contrôler. Il faut également souligner l'importance du catalyseur qui en plus de faciliter les réactions au niveau de l'électrode à air doit être de faible coût [10]. Nous reviendrons plus en détails sur chacun de ces points dans le chapitre 2, mais auparavant nous décrirons l'état de l'art des systèmes Li-air primaires et secondaires évoluant respectivement en milieux aqueux et non aqueux.

2   Batteries lithium-air aqueuses

Les batteries lithium-air aqueuses représentent une alternative aux systèmes anhydres notamment pour des opérations longues durées. En effet, si la capacité de décharge d'un accumulateur Li-air anhydre (Li-O_2) est en réalité limitée par le produit de réaction et son insolubilité, le produit de réaction en milieu aqueux (LiOH) est, quant à lui, très soluble (5,3 mol/L). De plus, leur tension de cellule est supérieure à celle des batteries Li-air anhydres ($\approx$3 V > $\approx$2,6 V). Néanmoins, la corrosion de l'électrode de lithium par l'eau est l'une des principales barrières au développement des batteries lithium-air aqueuses. Ainsi, la protection du métal contre des réactions parasites constitue l'un des axes majeurs de recherche dans le domaine que l'on détaillera par la suite.

2.1   Li-air aqueux primaire

En 2007, Visco et coll. (compagnie PolyPlus, USA) furent les premiers à développer l'électrode de lithium protégée en vue d'une application en milieu aqueux [11,12]. Ils employèrent pour cela une vitrocéramique[h] de type LISICON (Li$_{1+x+y}$Al$_x$Ti$_{2-x}$ Si$_y$P$_{3-y}$O$_{12}$, Ohara Inc., Japon) qui possède une excellente conductivité ionique vis-à-vis du Li ($\approx$ 10^{-4} S/cm à température ambiante) et qui, de plus, est imperméable à l'eau. Une telle barrière physique sépare les compartiments anodique et cathodique, et ainsi les solutions électrolytiques. Cependant, un tel matériau n'est pas stable lorsqu'il est en contact direct avec le lithium métallique. Pour remédier à cela, un séparateur imprégné d'électrolyte non aqueux, pouvant être un solide (Li$_3$N), un polymère, un gel ou une solution liquide (solvants

---

[h] Produit céramique obtenu par des techniques verrières et constitué de microcristaux dispersés dans une phase vitreuse.

aprotiques), fut employé entre la vitrocéramique protectrice et l'anode de lithium (anolyte). Cette couche d'électrolyte interposée entre le lithium métallique et le LISICON évite ainsi les réactions parasites entre ces deux derniers tout en assurant la conduction ionique des ions lithium ($\approx 10^{-3}$ S/cm). Les batteries lithium-air utilisant une telle électrode de lithium peuvent fonctionner tout aussi bien en catholyte aqueux qu'en catholyte non aqueux. De plus, contrairement aux systèmes anhydres, de tels systèmes aqueux peuvent fonctionner directement avec l'oxygène de l'air[i].

(a)   **(b)**

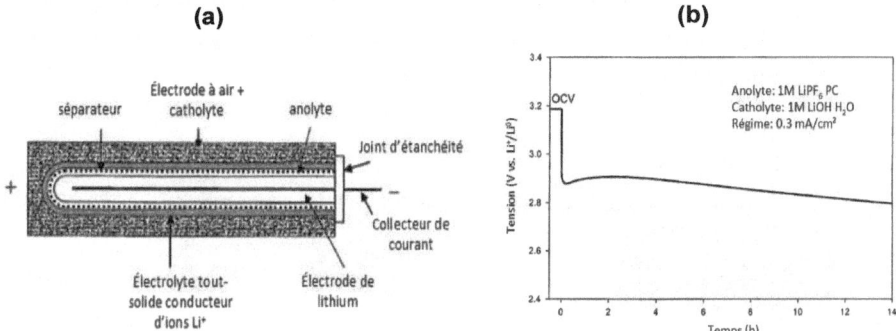

Figure 5. *A) Schématisation d'une batterie lithium-air développée par Visco et coll., anolyte : électrolyte non aqueux, catholyte : électrolyte aqueux (ou non aqueux). **B)** Courbe de décharge d'une batterie primaire Li-air aqueuse développée par Visco et coll. employant une électrode de lithium protégée et un catholyte aqueux* **[12]**.

L'avancement de la réaction de décharge d'une telle pile (4 Li + O$_2$ + 2 H$_2$O → 4 LiOH) mène cependant à l'augmentation de la concentration en hydroxyde de lithium dans l'électrolyte aqueux. Ainsi, la réaction électrochimique de cellule s'interrompt lorsque LiOH atteint son maximum de solubilité (12,8 g/100 g d'eau à température ambiante, équivalent à environ 5,3 mol/L **[7,13]**). Une alternative peut consister en l'ajout d'eau, par un flux entrant continu au cours de la décharge, préservant ainsi la dissolution de LiOH mais augmentant le poids de la pile et abaissant ainsi sa densité d'énergie.

Les travaux de Visco, et notamment son utilisation de l'électrode de lithium protégée, ont trouvé une forte résonance dans la communauté des batteries avec, entre autres, les travaux de Kowalczk et coll. **[4]** ou Zhou et coll. **[13]**. Zhou et coll. obtinrent de remarquables performances avec, notamment, la possibilité de décharger une pile pour plus de 500 heures

---

[i] Un filtre à CO$_2$ est cependant nécessaire afin d'éviter la pollution de l'électrode à air par des sous-produits de type Li$_2$CO$_3$.

avec une tension délivrée de 2,8 V[j] (**figure 6 (b)**). En effet, ces derniers proposèrent un système Li-air aqueux de type pile à combustible (consommation, ou réduction, continue de l'oxygène de l'air comme comburant) où le produit de réaction LiOH est séparé du système durant le processus de décharge de la pile (**figure 6 (a)**).

Les principaux verrous technologiques de ce type de piles sont les faibles performances en terme de puissance (large diminution de la tension délivrable à l'augmentation du courant de décharge) et l'augmentation du pH de la solution aqueuse au cours de la décharge, affectant la stabilité chimique de la vitrocéramique (en milieu alcalin) sur le long terme **[13]**.

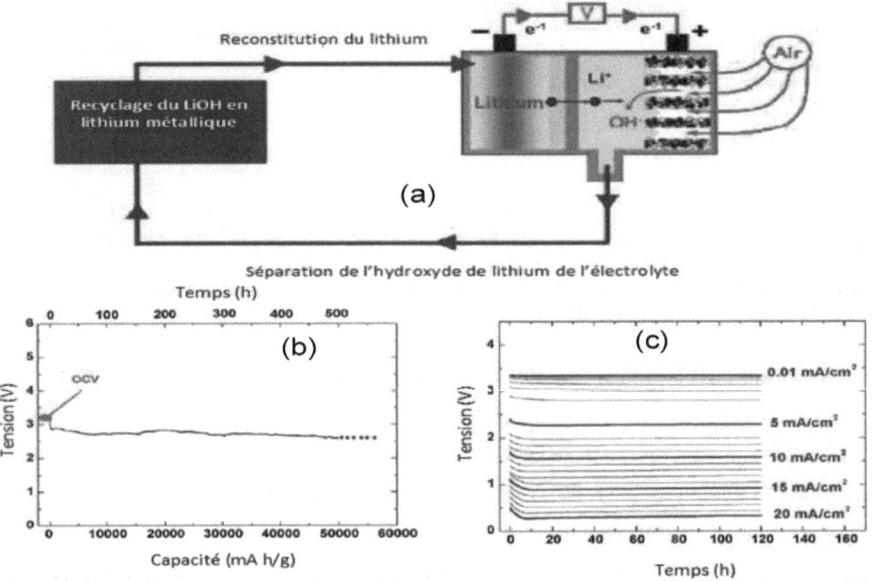

Figure 6. A) *Schématisation d'une pile à combustible « lithium-air » aqueuse.* ***B)*** *Courbe de décharge d'une batterie primaire Li/air aqueuse (0,5 mA/cm²) développée par Zhou et coll. et* ***C)*** *performances électrochimiques et variations de la tension délivrable en fonction du régime de décharge de la pile* **[13]**.

---

[j] Pile déchargée à une densité de courant de 0.5 mA/cm²

2.2 Li-air aqueux rechargeable

EDF France étudie actuellement la rechargeabilité des batteries lithium-air aqueuses [7,14], développant un concept basé sur l'emploi d'une cellule à 3 électrodes (une anode en lithium et une double électrode à air bifonctionelle) avec une électrode permettant la re-dissolution du LiOH une fois que celui-ci précipite en dehors de l'électrode positive. Objet d'un brevet, cette électrode à air possède une structure tout à fait originale.

Figure 7. *Schématisation d'une batterie lithium-air aqueuse développée par EDF France employant une membrane anionique protectrice et une biélectrode à air (électrode évolution : décomposition de LiOH et recharge de la batterie; électrode à air : réduction de l'oxygène, formation de LiOH et décharge de la pile), courbe électrochimique de tenue en cyclage d'une telle cellule* [7].

La première électrode (électrode à air) est employée à la réduction de l'oxygène selon la demi-réaction de cellule : $4Li^+ + O_2 + 2H_2O + 4e^- \rightarrow 4LiOH$. La concomitante oxydation de l'électrode de lithium produit les ions Li^+. Ces espèces ioniques électrochimiquement générées conduisent à la formation de l'hydroxyde de lithium LiOH. Ce dernier, initialement sous forme de paires d'ions solvatés, précipite dès que sa limite de solubilité[k] est atteinte. Suite à des astuces de construction au niveau de l'électrode à air, les auteurs ont fait en sorte que le dépôt de LiOH ne puisse se faire que dans le compartiment électrolyte, empêchant ainsi l'obturation de l'électrode positive par LiOH.

La seconde électrode (électrode auxiliaire à évolution ou électrode de dégagement), quant à elle, est utilisée pour la recharge de la batterie en décomposant LiOH via la réaction électrochimique suivante : $4LiOH \rightarrow O_2 + 2H_2O + 4e^- + 4Li^+$ avec les ions Li^+ passant du

---

[k] 5.3 mol/L dans l'eau, à 20°C ; équivalent à 0.138 Ah/cm³ de solution aqueuse.

milieu aqueux au milieu anhydre via la membrane vitrocéramique où ils sont réduits en Li métal à l'électrode de Li. On notera que l'on peut utiliser une électrode en métal noble[1] pour cette réaction mais ce n'est pas nécessaire puisqu'on est en pH basique. Du nickel ou de l'acier conviennent également très bien.

Une membrane anionique placée entre l'électrode à air et l'électrode auxiliaire permettant le passage des ions hydroxydes vers la solution électrolytique, préserve l'électrode à air (réduction de l'oxygène) de l'éventuelle précipitation de LiOH et de sous-produits insolubles. De plus, elle protège l'électrode de dégagement d'une éventuelle précipitation de Li_2CO_3 via la présence de CO_2 dissous dans l'électrolyte, la carbonatation nuisant fortement aux performances (i.e. puissance, rechargeabilité et tenue en cyclage) de l'accumulateur. Un tel dispositif électrochimique a été cyclé sur plusieurs centaines de cycles sans dégradation notable des différentes membranes protectrices des électrodes. Il fut montré que de telles cellules sont capables de conduire à des densités d'énergie de l'ordre de 500 W h/kg de cellule, ce qui est un facteur 2 supérieur à ce qui peut être obtenu sur les batteries à ions lithium actuelles. Bien que de nombreux verrous technologiques tels que i) le fonctionnement avec précipitation de LiOH, ii) l'emploi d'air non traité ou iii) une meilleure maîtrise de l'interface lithium-vitrocéramique restent à résoudre, ces premiers résultats sont très encourageants. Ce d'autant plus que ces systèmes lithium-air aqueux primaires et rechargeables sont encore jeunes présentant donc d'amples opportunités (**table 1**) que des efforts soutenus de recherche devraient permettre de réaliser.

Défis	Avantages
Technologie vitrocéramique plus difficile à mettre en œuvre	Des performances largement supérieures aujourd'hui (10 – 100X)
Fragilité de la vitrocéramique	Des durées de vie démontrées > 1 an aujourd'hui (en pile)
Potentiellement moins compacte que la technologie anhydre	Utilise de l'air ambiant non traité
Interface lithium-vitrocéramique à maîtriser	Fabrication hors boîte à gants

Table 1. *Verrous technologiques et avantages des batteries lithium-air aqueuses.*

---

[1] Or, platine.

3   Batteries lithium-air anhydres (Li-O$_2$)

L'emploi d'un électrolyte non aqueux dans les systèmes lithium-air est un moyen de limiter les problèmes de corrosion du lithium par l'eau mais aussi d'utiliser le métal directement sans l'emploi de la technologie vitrocéramique relativement difficile à mettre en œuvre. En effet, le pouvoir réducteur du lithium implique la formation d'une couche de passivation à l'interface électrode/solution électrolytique [15], couramment appelée interface électrolyte solide (SEI[m]). Cette SEI, qui peut se former également à la surface d'électrodes négatives de carbone, est fortement dépendante de la nature des électrolytes étudiés mais est vitale pour le fonctionnement à long terme des accumulateurs Li-ion. De plus, elle permet d'employer l'électrode de lithium en contact avec une atmosphère sèche d'oxygène et ainsi d'opérer une batterie lithium-air (Li/O$_2$).

Une autre particularité des accumulateurs anhydres est l'insolubilité des produits de décharge, et par conséquent la précipitation directe sur les sites mêmes des réactions électrochimiques. Au cours de la décharge, la batterie va donc gagner en masse puisque les produits de réaction insolubles (Li$_2$O$_2$) s'accumulent dans l'électrode positive. Ainsi, les performances de ce type de batteries sont directement proportionnelles à la quantité de produit que l'électrode à air peut emmagasiner avant que cette électrode ne soit totalement obstruée. Une optimisation de la structure de l'électrode est alors nécessaire afin d'augmenter ses capacités de stockage.

3.1   Li-air anhydre primaire

La première batterie Li-O$_2$ non-aqueuse fut reportée en 1996 par Abraham et Jiang [16,17]. Elle employait un électrolyte gélifié étant un mélange de polyacrylonitrile (PAN), carbonates d'éthylène et de propylène, et un sel de lithium LiPF$_6$ (dans les proportions massiques 12:40:40:8). Ce même électrolyte gélifié a été utilisé pour préparer l'électrode à air contenant du noir d'acétylène (Chevron).

---

[m] Solid Electrolyte Interface.

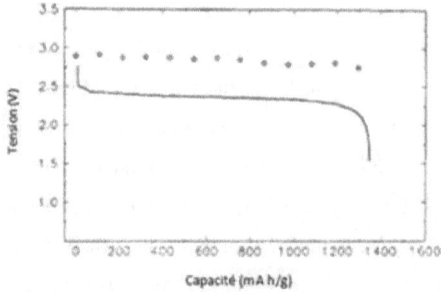

Figure 8. *Courbe intermittente de décharge et potentiel à circuit ouvert d'une batterie lithium-air non-aqueuse. Densité de courant : 0,1 mA/cm², T ambiante et atmosphère d'oxygène sec* **[16]**.

La batterie fut déchargée selon une méthode pulsée avec des pulses de 90 minutes séparés de 15 minutes de mise en relaxation, période durant laquelle la tension en circuit ouvert de la batterie a été mesuré (**figure 8**). Les cercles représentent la tension à circuit ouvert de la batterie (OCP), alors que le trait continu visualise simplement la courbe de décharge indiquant la tension de la cellule en opération. Par cette étude, les auteurs démontrèrent également par spectroscopie Raman que la réduction de l'oxygène dans ce type de batterie conduisait à la formation de Li_2O_2 comme produit majoritaire en fin de décharge.

Ces travaux de pionnier d'Abraham furent suivis par de nombreuses études dédiées principalement au développement des systèmes primaires lithium-air non aqueux. Les études de Read et coll. **[18,19,20]** ont, par exemple, montré l'importance du type d'électrolyte utilisé ainsi que de la formulation de l'électrode à air sur les capacités en décharge et les performances en terme de puissance de ces piles. Ils préconisèrent l'emploi d'électrolytes à base d'éthers : ces derniers présentant le meilleur compromis entre conduction ionique du lithium en solution (Li^+) et solubilité de l'oxygène ainsi que de sa diffusion au travers de l'électrode à air. Cependant, la volatilité de certains de ces solvants reste problématique, ce qui a conduit à l'utilisation d'éthers à plus longues chaînes qui sont moins volatils mais plus visqueux, limitant ainsi légèrement la diffusion des espèces électroactives (Li^+ et O_2 solvatés).

Figure 9. A) *Profil de concentration de l'oxygène dissous dans l'électrode à air en fonction du type d'électrolyte employé en batterie Li-air anhydre déchargeant à 0,5 mA/cm² : (a) 1 M LiPF₆ CP:CE (1:1), (b) 1 M LiPF₆ CP, (c) 1 M LiPF₆ CP:CDE (1:1), (d) 1 M LiPF₆ CP:CDM (1:1), (e) 1 M LiPF₆ CP:DME (1:1), (f) 1 M LiPF₆ CP:DME (1:2) et (g) 0,5 M LiPF₆ CP:DME (1:2)* [19] *(CP : carbonate de propylène, CE : carbonate d'éthylène, CDE : carbonate de diéthyl, CDM : carbonate de diméthyl et DME : diméthoxy-1,2-éthane).* **B)** *Images de microscopie électronique à balayage réalisées sur des échantillons d'électrodes carbone Super P/polytétrafluoroéthylène. (a) électrode non cyclée puis déchargée à (b) 0,05 mA/cm², (c) 0,2 mA/cm² et (d) 1,0 mA/cm²* [18].

A ce stade, on rappellera que l'électrolyte d'une batterie lithium-air anhydre doit répondre à un cahier des charges extrêmement strict, compliquant considérablement toute recherche visant à isoler l'électrolyte idéal. Tout d'abord, la polarité du solvant doit être pondérée, afin de dissoudre à la fois de larges quantités de sel de lithium[n] (conductivité ionique) mais aussi d'oxygène (performances électrochimiques, puissance et capacité pratique). On se trouve ainsi dans une position ambivalente avec d'un coté, l'oxygène qui sera plus soluble dans les milieux apolaires[o] (cyclohexane, benzène, etc.) du fait que c'est une molécule apolaire, et les électrolytes couramment employés en batteries lithium-ion qui sont des milieux très polaires (carbonates d'alkyle) mais ayant en plus la capacité de passiver l'électrode de lithium afin de la rendre opérante (formation d'une SEI). Outre la polarité, les électrolytes doivent également être stables à hauts potentiels (> 4,2 V vs. Li^+/Li^0) afin d'assurer la rechargeabilité de l'électrode à air, c'est-à-dire de présenter une stabilité chimique vis-à-vis des intermédiaires réactionnels électrogénérés tels, l'ion superoxyde $O_2^{\cdot-}$, par exemple. Enfin, le coût et la toxicité des électrolytes sont, comme dans la plupart des systèmes électrochimiques, des paramètres fondamentaux qui devront être pris en considération dans le choix de tout nouvel électrolyte.

---

[n] Entre 0.5 et 1 mol/L de solution.

[o] « like dissolves like » : expression décrivant l'affinité d'un soluté pour un solvant en termes de polarité.

En dehors de l'électrolyte, d'autres travaux portèrent sur l'électrode à air. C'est ainsi que des études par microscopie électronique à balayage ont permis d'observer l'action des produits de réaction qui bloquent rapidement les chemins d'accès et de diffusion de l'oxygène, ces effets étant d'autant plus prononcés que les densités de courant sont importantes (**figure 9 (b)**). Outre le contrôle de la porosité de l'électrode à air, une autre approche pour palier cette difficulté a consisté à développer un électrolyte ayant une faible polarité associée à une faible viscosité permettant ainsi une meilleure solubilisation du gaz et donc un meilleur transport. De ce fait, le dépôt des produits de réaction est uniformisé au travers l'électrode à air et non uniquement en surface, là où la teneur en oxygène dissous y est plus importante.

L'effet de la pression partielle en oxygène, qui agit directement sur la concentration initiale en oxygène dissous dans l'électrolyte fut également démontré avec, notamment, une augmentation de la capacité de la pile jusqu'à ce que sa pression partielle en oxygène atteigne la valeur maximale de pression saturante équivalente à 2 atm (**figure 10**).

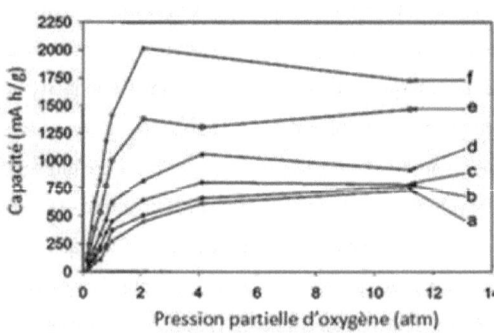

Figure 10. *Corrélation entre capacité d'une pile lithium-air non-aqueuse et pression partielle d'oxygène Po_2 : (a) 0,5 (b) 0,4 (c) 0,3 (d) 0,2 (e) 0,1 et (f) 0,05 mA/cm²* **[19]**.

La réaction de réduction de l'oxygène prenant place à la surface de l'électrode à air, il n'est point surprenant de constater que la surface accessible de cette dernière soit mentionnée comme étant un paramètre extrêmement important. Beattie et coll. **[21]** purent, par exemple, en employant du Ketjenblack (Akzo Nobel Chemicals, Inc.) comme noir de carbone directement imprégné sur une mousse de nickel ultra-poreuse (i.e., afin d'accroitre la surface spécifique de l'électrode), réaliser une électrode à air ayant une capacité spécifique de 5813 mA h/g et un potentiel de coupure de 1,5 V vs Li^+/Li^0. Cependant, les auteurs démontrèrent également que cette capacité pouvait décroître rapidement lorsque la quantité de carbone dans la mousse de nickel était augmentée, soulignant ainsi l'importance de la porosité et surtout de l'accessibilité des surfaces réactives (**figure 11**).

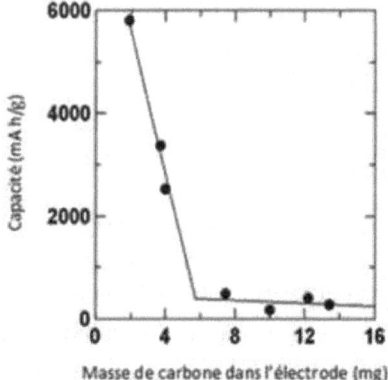

Figure 11. *Capacité spécifique de décharge en fonction du taux de carbone dans l'électrode à air* [21].

Complémentant les travaux de Beattie et coll., Kuboki et coll. [22] ont étudié l'influence du volume poreux de différents carbones sur la capacité de décharge des systèmes primaires Li-air non aqueux. Il résulte de leur étude (**table 2**) que la capacité spécifique (basée sur la masse de carbone) des batteries lithium-air est améliorée lorsque le volume mésoporeux du carbone était plus important.

Carbone	Surface spécifique (m²/g)	Volume poreux (mL/g)	Micropore (mL/g)	Mésopore (mL/g)	Capacité spécifique (mA h/g)	
					(I / mA/cm²)	
					0.1	0.5
A	1329	2,014	–	2,014	2220	1500
B	1473	1,922	0,583	1,339	360	290
C	1286	0,808	0,592	0,216	22	–
D	779	0,462	0,36	0,102	17	–

Table 2. *Paramètres structuraux et capacité de décharge des différents carbones* [22].

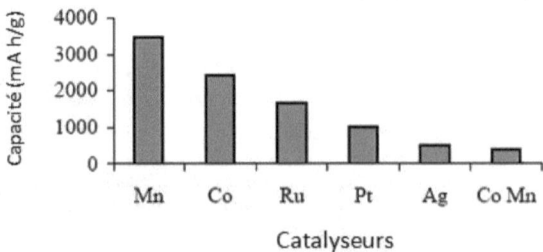

Figure 12. *Capacité spécifique d'une électrode à air en fonction du catalyseur employé* **[23]**.

Quant aux catalyseurs, Dobley et coll. **[23]** ont clairement montré qu'ils amélioraient la capacité de décharge de la batterie avec notamment les catalyseurs à base de manganèse conduisant aux densités d'énergie les plus hautes (4000 mA h/g de carbone), comme reporté sur la **figure 12**. Plus récemment, Shiga **[24]** reporta des capacités de 14,560 mA h/g en utilisant une molécule de type donneur/accepteur portant le nom de triphénylporphyrinyl bithienyl N-méthylpyrrolidino fullerène comme catalyseur. Cependant, le mécanisme et l'origine d'une telle augmentation de capacité restent encore inconnus.

La mouillabilité du carbone vis-à-vis de l'électrolyte a également été étudiée. Il a été observé (**figure 13**) que l'angle de contact de l'électrolyte à la surface de l'électrode à air affectait fortement la capacité de décharge avec, notamment, des capacités maximales lorsque celui-ci se situait autour de 50°. Ceci peut s'expliquer par le fait qu'une trop importante mouillabilité de l'électrode (faible angle de contact) freine la diffusion de l'oxygène vers les sites actifs par l'électrolyte, minimisant ainsi les performances électrochimiques. Cela illustre de nouveau que la sélection de l'électrolyte est un critère extrêmement important dans le développement de batteries lithium-air hautes performances.

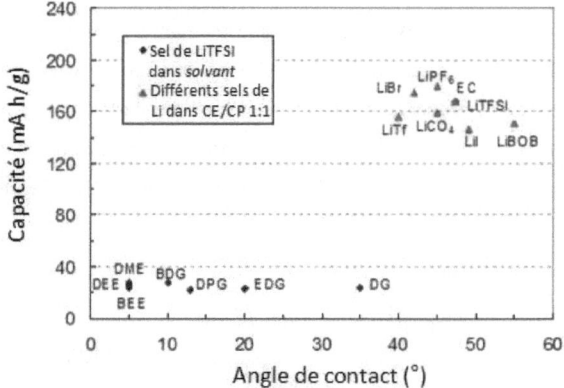

Figure 13. *Effet de l'angle de contact électrolyte/électrode à air sur la capacité de décharge d'une batterie lithium-air. Losanges: 1 M LiTFSI dans différents mélanges binaires CP/co-solvant à 1:1 en rapport massique; Triangles: 1 M sel de lithium dans un mélange CP-CE (1:1 en rapport massique)* **[29]**.

Parallèlement, Zhang et coll. **[25,26,27,28,29,30]** étudièrent les performances de piles boutons lithium-air opérant à l'air ambiant (type 2325 du CNRC, Canada, **figure 14**). Des performances raisonnables (avec notamment des durées d'opération de plusieurs mois) purent être obtenues en opérant avec des électrolytes peu volatils (mélange CE/CP) à base de sels de lithium moins sensibles à l'humidité tels le bis(trifluorométhanesulfonyl) imidure de lithium plus communément connu sous le nom de LiTFSI.

(a)   **(b)**

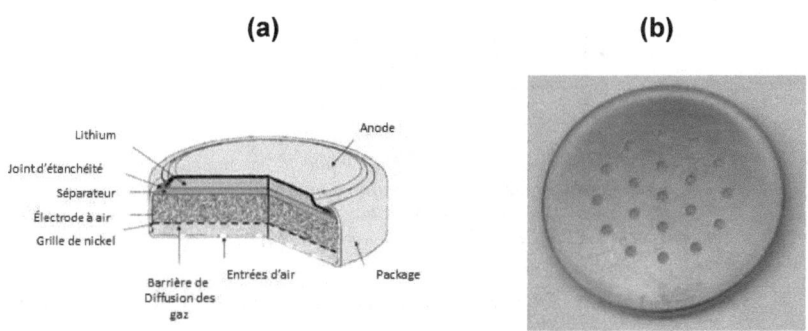

Figure 14. *A) Schématisation d'une pile bouton lithium-air et **B**) image de cette même pile bouton (diamètre de la pile = 2,3 cm, épaisseur = 2,5 cm)* **[27]**.

Cependant, le développement d'une pile lithium-air fonctionnant à l'air ambiant doit obligatoirement passer par la mise au point d'une membrane perméable à l'oxygène mais imperméable à l'humidité. C'est ainsi qu'un film polymérique permettant la diffusion de l'oxygène tout en servant de barrière protectrice d'humidité **[25]** a été développé. Celui-ci, commercialisé par la compagnie Dupont, est une membrane bifonctionnelle incluant une couche de polyéthylène téréphtalate (PET) et un co-polyester de téréphtalate/isophtalate d'éthylène glycol.

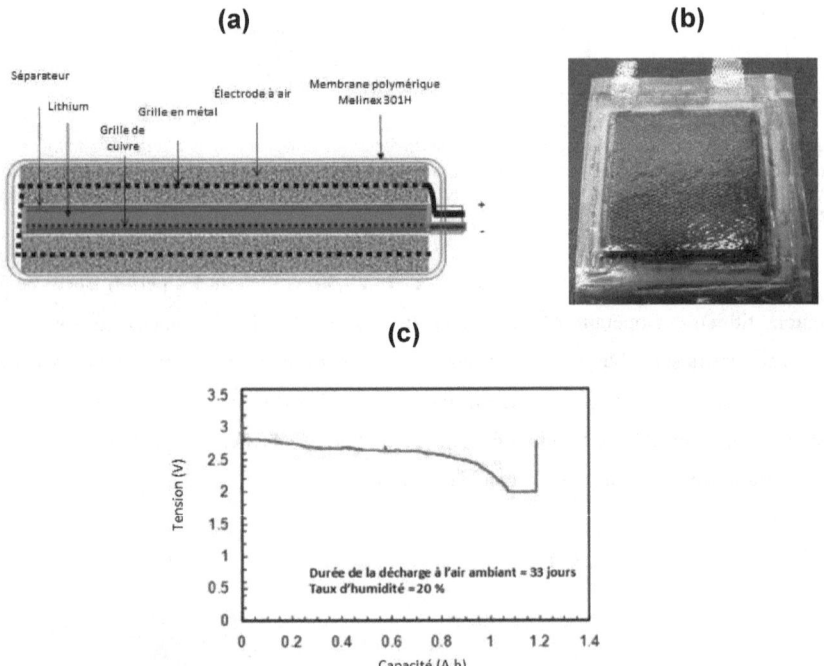

Figure 15. *A)* *Schématisation d'une batterie de type « pouch cell » employant la membrane polymérique, **B)** photographie de la batterie lithium-air opérée à l'air ambiant et **C)** courbe de décharge d'une pile lithium-air employant un emballage bifonctionnel à base d'un matériau polymérique (électrolyte : 1M LiTFSI CE/CP 1:1, i=0,05 mA/cm²)* **[25]**.

La **figure 15 (a)** schématise une cellule lithium-air de type « pouch cell » employant ce type de membrane polymérique alors que sa concrétisation expérimentale est dévoilée à la **figure 15 (b)**. Dans cette configuration, la feuille de lithium servant d'anode est enveloppée dans un séparateur (fibre de verre GF/C ou Celgard 5550) avec comme collecteur de courant une grille de cuivre pressée sur la feuille de lithium. Deux électrodes à air à base de noir de carbone, chacune pré-laminée à une grille de nickel servant de collecteur de courant, sont ensuite placées de chaque coté du séparateur pour former la séquence d'empilement: électrode à air/séparateur/lithium/séparateur/électrode à air qui est finalement immergée dans l'électrolyte (1M LiTFSI, CE/CP 1:1 en masse) avant d'être cloisonnée dans le film polymérique étanche à l'humidité par scellage.

Une telle pile, fabriquée à partir de matériaux peu coûteux et dont l'électrolyte à lui seul représente environ 70% de la masse totale, peut délivrer une densité d'énergie de 362 Wh/kg (incluant l'emballage) lors d'une décharge, à température ambiante avec une densité de courant de 0,05 mA/cm^2 et sous une pression partielle en oxygène de 0,21 atm et une humidité relative de 20% (**figure 15 (c)**). De plus sa capacité spécifique, basée sur la masse seule de carbone, qui ne représente que 5,78% de la masse totale, atteint 2340 mA h/g. Il est à noter que bien que certains électrolytes utilisés soient relativement stables à l'air ambiant [25,26], d'éventuelles pertes dues à la volatilité des solvants réduisent le temps de vie de ces batteries. Kuboki et coll. [22] étudièrent la possibilité d'employer un liquide ionique particulièrement immiscible à l'eau du type BMIPF$_6$, EMITFSI, EMIBETI et MOITFSI comme électrolyte pour contourner cette difficulté. Ainsi, par ce biais et plus spécifiquement en présence de bis(trifluorométhylsulfonyl) imidure de 1-éthyl-3-méthylimidazolium (EMITFSI), la durée de vie de la pile précédente, toutes conditions de décharge identiques, a pu être étendue à 56 jours au lieu de 33 jours, délivrant ainsi une capacité de 5360 mA h/g. Ce doublement de capacité indique fortement la nécessité de limiter la pénétration de l'humidité dans le cœur actif de la pile.

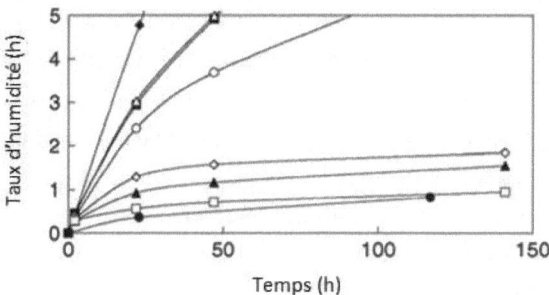

Figure 16. Taux d'hydratation des différents sels fondus testés en batterie lithium-air et maintenus en milieu très humide (20°C, 90% humidité relative), (●): EMIBETI, (⊓): OMITFSI, (▲): EMITFSI, (◊): BMINf, (○): BMIPF6, (∧): EMITf, (■): EMIBF4, (♦): EMIDCA [22].

Des électrolytes polymères, composés d'une membrane co-polymérique PVDF-HFP chargée avec un liquide ionique du type bis(trifluorométhanesulfonyl) imidure de 1-méthyl-3-propylpyrrolidinium (P₁₃TFSI) **[31]**, ont également été testés. A titre illustratif, la **figure 17** montre la fenêtre de stabilité électrochimique d'une membrane polymérique autosupportée, résultant d'un mélange optimisé LiTFSI/P₁₃TFSI /PVDF-HFP, qui fut utilisée pour la construction d'une batterie lithium-air tout solide présentant des capacités de décharge honorables à faible densité de courant.

(a) **(b)**

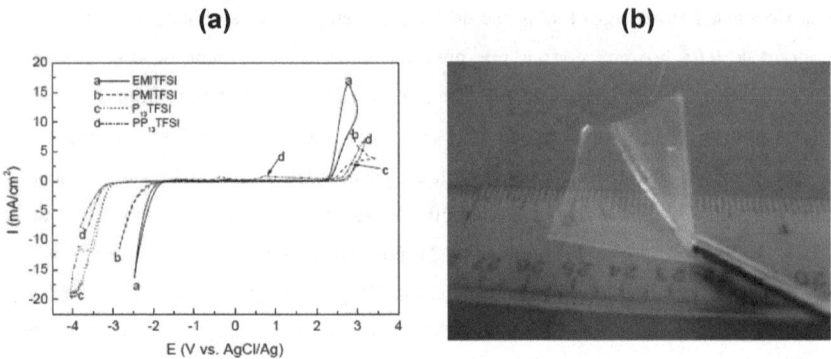

Figure 17. A) *Fenêtre de stabilité électrochimique de différents liquides ioniques.* ***B)*** *Photographie de l'électrolyte polymère employé en batterie lithium-air* **[31]**.

Dans le même esprit d'approche, Kumar et coll. **[32]** ont récemment reporté dans la littérature une batterie lithium-air employant une vitrocéramique vitreuse de composition 18,5Li₂O:6,07Al₂O₃:37,05GeO₂:37,05P₂O₅ et connue sous le nom de LAGP comme électrolyte tout solide. Une telle membrane sert de conducteur ionique entre les électrodes de lithium et celle à air. Dans cette configuration (**figure 18**), le séparateur en vitrocéramique se retrouve placé entre deux membranes polymériques (POE:LiBETI) qui assurent une meilleure interface avec les électrodes négatives et positives. Néanmoins, l'impédance de la cellule demeure importante conduisant ainsi à des performances électrochimiques limitées en termes de puissance et réversibilité. Cela peut cependant être restitué en opérant la pile à température plus élevée, ce qu'autorise l'utilisation de la membrane vitrocéramique.

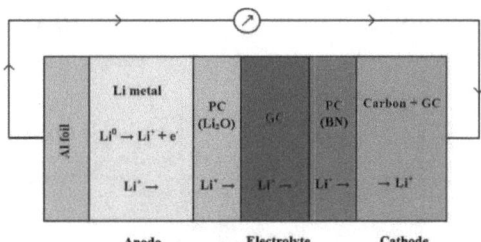

Figure 18. Schématisation d'une batterie lithium-air tout solide, employant plusieurs couches d'électrolytes vitrocéramiques et polymériques [32].

3.2   Li-air anhydre rechargeable

Comme nous l'avons vu précédemment, Abraham et coll. [16] furent les premiers en 1996 à reporter la rechargeabilité d'une batterie lithium-air non-aqueuse (**figure 19**) sans pour autant s'attarder sur cet aspect de rechargeabilité. Il fallut attendre plus de 10 ans pour que l'équipe de P.G. Bruce poursuive ces travaux et reporte pour la première fois [8,33,34] la possibilité de cycler une batterie lithium-air pour plus de 50 cycles (**figure 20 (b)**) tout en préservant 60% de la capacité initiale. Outre la rapide chute de la capacité au cours du cyclage, on remarque une forte polarisation[p] (**figure 20 (a)**) entre la réaction de décharge ($E \approx 2,6V$) et celle de charge ($E \approx 4,2V$), pouvant indiquer des mécanismes électrochimiques différents entre les deux réactions. Cette large polarisation affecte grandement le rendement énergétique[q] de la batterie lithium-oxygène non-aqueuse, qui est de seulement 62%.

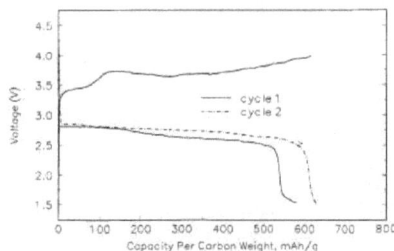

Figure 19. Cyclabilité d'une batterie lithium/électrolyte gélifié PAN:LiPF$_6$:EC:PC/Oxygène opérée à température ambiante et sous une atmosphère sèche d'oxygène. L'électrode à air contient 20% en masse de noir de carbone catalysé (Chevron + phtalocyanine de cobalt) et 80% en masse d'électrolyte polymère. La cellule fut déchargée à une densité de courant de 0,1 mA/cm² puis rechargée à 0,05 mA/cm² [16].

---

[p] Différence entre la tension en charge et celle en décharge de la cellule électrochimique.
[q] Le rendement énergétique est calculé en effectuant le rapport tension en décharge/tension en charge.

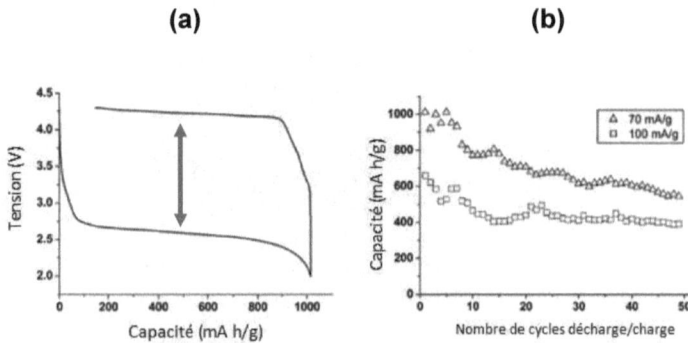

Figure 20. *A) Variation de la tenson de cellule au cours d'un cycle de décharge/charge correspondant au 3è cycle d'une batterie lithium-air anhydre opérée à un régime de 50 mA/g de carbone. Les capacités spécifiques sont exprimées par gramme de carbone dans l'électrode à air. B) Variation de la capacité de la batterie en fonction du nombre de cycles réalisé et du régime de cyclage* [33].

De plus, les auteurs étudièrent la décomposition de Li_2O_2 par spectrométrie de masse couplée à la charge potentiostatique intermittente de la batterie afin de suivre l'éventuel dégagement de gaz se produisant lors de la charge. Un pic relativement intense de masse $m/z = 32$ correspondant à l'oxygène put être observé dans le cas d'une électrode à air contenant le produit Li_2O_2 (**figure 21 (a)**) alors qu'aucun dégagement gazeux ne fut identifié dans le cas d'une électrode sans peroxyde de lithium (**figure 21 (b)**). Ceci fut donc la première évidence du processus de recharge d'une batterie lithium-air impliquant la réoxydation du peroxyde de lithium reformant du lithium et de l'oxygène.

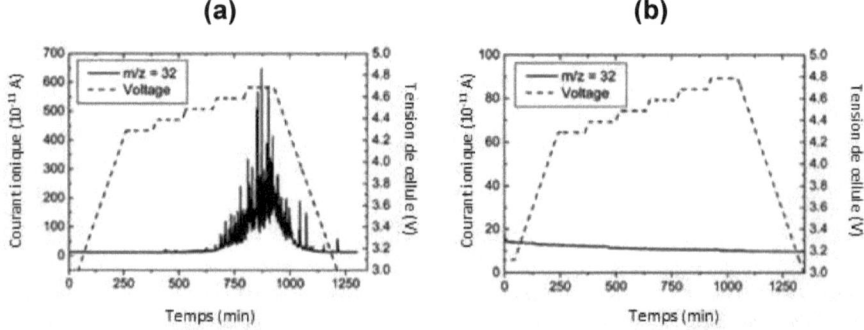

Figure 21. *Variation du courant ionique en fonction du temps correspondant au dégagement d'oxygène lors de l'oxydation électrochimique d'une batterie Li/air anhydre. La tension de cellule fut augmentée par incrément de 100 mV toutes les 2 heures. Electrode A) sans Li_2O_2 et B) avec Li_2O_2* [33].

L'effet du catalyseur sur la réversibilité d'une batterie lithium-air fut également étudié par Débart et coll. **[8]** qui montrèrent des performances supérieures pour des électrodes à air contenant un oxyde de manganèse nanométrique de type α-MnO$_2$. C'est ainsi que des capacités réversibles de l'ordre de 3000, 730 et 505 mA h/g, basées sur la masse de carbone, la masse d'électrode et la masse totale d'électrode incluant le produit de réaction, respectivement furent obtenues. Afin d'obtenir une bonne rétention de capacité sur plusieurs cycles, les auteurs durent limiter la capacité et donc la profondeur de la décharge de l'électrode (**figure 22**) mettant ainsi en cause la porosité de l'électrode et sa rapide dégradation au cours des cycles lorsque les décharges sont trop profondes. Il fut également démontré que la polarisation de la batterie, ou plus particulièrement la tension de charge de l'électrode, variait en fonction du type de catalyseur **[34]**.

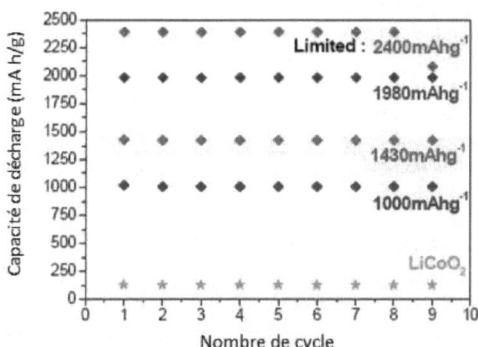

Figure 22. *Rétention de capacité d'une batterie Li-air anhydre rechargeable. Catalyseur : α-MnO$_2$ nano bâtonnets. Electrolyte : 1 M LiPF$_6$ CP. Régime : 70 mA/g de carbone. Température= 30 °C* **[8]**.

Malgré tous ces efforts, il n'en demeure pas moins qu'un travail considérable de compréhension est nécessaire avant de pouvoir envisager l'utilisation d'un tel système. Alors que la réduction de l'oxygène en milieu aqueux a été étudiée depuis de nombreuses années, les études sur la réduction en milieu aprotique (non aqueux) sont plus rares et remontent à une trentaine d'années. Par conséquent, les mécanismes réactionnels associés à la décharge puis à la recharge d'une batterie lithium-air non-aqueuse doivent être minutieusement étudiés et être compris afin de constituer le socle de connaissances nécessaires à leur amélioration. Parmi certains des verrous technologiques restant à lever on citera i) la recherche d'un meilleur catalyseur afin de réduire la polarisation et augmenter la réversibilité des batteries lithium-air mais aussi ii) l'élaboration, soit par enrobage, soit par l'emploi d'électrolytes solides ou de type liquides ioniques, d'une protection pour l'électrode de lithium afin d'en assurer son bon fonctionnement pour un cyclage prolongé de la batterie. Il va de soi que le choix de l'électrolyte mariant une bonne diffusion et solubilité de l'oxygène tout en restant chimiquement stable constitue également un sérieux challenge.

Défis	Opportunités
Des performances encore très faibles (≈ 1 mAh/cm^2, 100 µA/cm^2)	Flexible, moins fragile et plus facile à mettre en œuvre
Limitées par la quantité de Li$_2$O$_2$ (ou Li$_2$O à terme?) que l'électrode à air peut contenir de manière réversible	Potentiellement plus compactes que le lithium-air aqueux
Importante polarisation de l'électrode à air (tension en charge très supérieur à la tension en décharge)	Emploi du dioxygène de l'air comme matière première (illimité et sans coût)
Sensible à l'eau, et peut être O$_2$ et CO$_2$, emploi d'une membrane (coût?)	
Solvants organiques (produits toxiques et inflammables) et stabilité chimique de l'électrolyte vis-à-vis des produits de réaction	

Table 3. Verrous technologiques et avantages des batteries lithium-air non-aqueuses.

4   Références bibliographiques

[1]   P. G. Bruce, *Solid State Sciences* **7** 1456 (2005)

[2]   P. G. Bruce, B. Scrosati, J.-M. Tarascon, *Angew. Chem. Int. Ed.* **47** 2930 (2008)

[3]   D. Guyomard, J.-M. Tarascon, *Adv. Mater.* **6** 408 (1994)

[4]   I. Kowalczk, J. Read, M. Salomon, *Pure Appl. Chem.* **79** 851 (2007)

[5]   C. O. Laoire, S. Mukerjee, K. M. Abraham, E. J. Plichta, M. A. Hendrickson, *J. Phys. Chem. C* **114** 9178 (2010)

[6]   A. J. Bard, R. Parsons, J. Jordan. *Standard Potentials in Aqueous Solution*, Marcel Dekker, New York (1985)

[7]   P. Stevens, EDF R&D, Séminaire sur les batteries métal/air, CNAM Paris (2010)

[8]   A. Débart, A. J. Paterson, J. Bao, P. G. Bruce, *Angew. Chem. Int. Ed.* **47** 1 (2008)

[9]   K. Kinoshita, *Electrochemical Oxygen Technology* **119** (1992)

[10]   D. Linden, T. Reddy, éditeurs, *Handbook of Batteries, 3ème édition.* **38.5** (2001)

[11]   S. J. Visco, E. Nimon, L. C. De Jonghe, B. Katz, M. Y. Chu, *12ème congrès IMLB, Abs. #53* (2004)

[12]   S. J. Visco, B. D. Katz, Y. S. Nimon, L. C. De Jonghe, *Brevet Américain* **US 7282295** (2007)

[13]   Y. Wang, H. Zhou, *J. Power Sources* **195** 358 (2009)

[14]   P. Stevens, F. Gamouss, O. Fichet, C. Sarrazin, *Brevet Français* **FR 0953021**

[15]   L. Gireaud, *Comportement des interfaces électrodes/électrolytes à bas potentiel : De la croissance dendritique du Lithium à la dégradation des électrolytes*, Thèse de Doctorat UPJV (2006)

[16]   K. M. Abraham, Z. Jiang, *J. Electrochem. Soc.* **143** 1 (1996)

[17]   K. M. Abraham, Z. Jiang, *Brevet Américain* **US 5510209** (1996)

[18]   J. Read, *J. Electrochem. Soc.* **149** A1190 (2002)

[19]   J. Read, K. Mutolo, M. Ervin, W. Behl, J. Wolfenstine, A. Driedger, D. Foster, *J. Electrochem. Soc.* **150** A1351 (2003)

[20]   J. Read, *J. Electrochem. Soc.* **153** A96 (2006)

[21]   S. D. Beattie, D. M. Manolescu, S. L. Blair, *J. Electrochem. Soc.* **156** A44 (2009)

[22]   T. Kuboki, T. Okuyama, T. Ohsaki, N. Takami, *J. Power Sources* **146** 766 (2005)

[23]   A. Dobley, C. Morein, K. M. Abraham, *Meet. Abstr. - Electrochem. Soc.* **502** 823 (2005)

[24]   T. Shiga, H. Nakano, H. Imagawa, *Brevet Américain* **US 2008/0299456** A1 (2008)

[25]   J.-G. Zhang, D. Wang, W. Xu, J. Xiao, R. E. Williford, *J. Power Sources* **195** (2010)

[26]   D. Wang, J. Xiao, W. Xu, J.-G. Zhang, *J. Electrochem. Soc.* **157** A760 (2010)

[27]   J. Xiao, D. Wang, W. Xu, D. Wang, R. E. Williford, J. Liu, J.-G. Zhang, *J. Electrochem. Soc.* **157** A487 (2010)

[28]   W. Xu, J. Xiao, J. Zhang, D. Wang, J.-G. Zhang, *J. Electrochem. Soc.* **156** A773 (2009)

[29]   W. Xu, J. Xiao, J. Zhang, D. Wang, J.-G. Zhang, *J. Electrochem. Soc.* **157** A219 (2010)

[30]   W. Xu, J. Xiao, D. Wang, J. Zhang, J.-G. Zhang, *Solid-State Lett.* **13** (2010)

[31]   H. Ye and J. J. Xu, *ECS Transactions 3* **42** 73 (2008)

[32]   B. Kumar, J. Kumar, R. Leese, J. P. Fellner, S. J. Rodrigues, K. M. Abraham, *J. Electrochem. Soc.* **157** A50 (2010)

[33]   T. Ogasawara, A. Débart, M. Holzapfel, P Novak, P. G. Bruce, *J. Am. Chem. Soc.* **128**, 1390 (2006)

[34]   A. Débart, J. Bao, G. Armstrong, P. G. Bruce, *J. Power Sources* **174** 1177 (2007)

Chapitre II
Etude de l'électrode à air dans les systèmes non aqueux à base de lithium

Dans ce chapitre, nous verrons successivement la préparation de l'électrode à air et, au travers de tests électrochimiques, illustrerons les différents verrous technologiques propres aux systèmes lithium-air non aqueux rechargeables. Nous concentrerons ensuite notre étude sur les propriétés électrochimiques de l'électrode à air en variant la nature du catalyseur, la texturation du carbone et en optimisant le contact carbone/catalyseur dans l'électrode, cœur des opérations.

1 La mise en forme de l'électrode à air et ses verrous technologiques

1.1 Préparation de l'électrode

Nos électrodes sont préparées selon la méthode développée par Tarascon et coll. [1]. Il s'agit d'une électrode composite poreuse employant un copolymère à base de polyfluorure de vinylidène (PVdF-HFP), un solvant/plastifiant évaporable, le carbonate de propylène (CP) ou le phtalate de dibutyle (DBP), un matériau conducteur électronique et un catalyseur pour faciliter les processus électrochimiques. Le conducteur électronique couramment utilisé pour nos électrodes standard est du noir de carbone de type Super P Li (carbone SP) distribué par Timcal. Le catalyseur quant à lui est du dioxyde de manganèse électrolytique (EMD) fourni par Tronox[a]. Le copolymère est un matériau inerte d'un point de vue électrochimique qui, une fois solubilisé, joue le rôle de liant maintenant les particules de carbone et de catalyseur en contact intime alors que le plastifiant, une fois extrait, assure la formation d'un réseau poreux au sein de l'électrode, idéal pour l'imprégnation par l'électrolyte et le stockage des produits de réaction.

La mise en forme de nos électrodes consiste à dissoudre le copolymère en présence des autres constituants dans de l'acétone anhydre afin de former une encre relativement visqueuse que nous maintenons sous agitation magnétique à l'aide d'un barreau aimanté pendant quelques heures et à température ambiante[b]. Le mélange homogène est ensuite déposé sur une plaque en verre à l'aide d'un « *doctor-blade* » afin de former un film plastique d'épaisseur contrôlable suite à l'évaporation de l'acétone (**figure 1**). Le rapport massique

---

[a] EMD est utilisé comme électrode positive de piles alcalines Zn/MnO$_2$.
[b] Cette opération est effectuée à l'intérieur d'un pilulier en verre maintenu fermé.

entre les constituants est le même que celui reporté par Read [2] en 2002 dans l'une des toutes premières études sur les systèmes lithium-air anhydres, et consiste en un mélange 11/19/15/55% Carbone SP/EMD/PVdF-HFP/DBP.

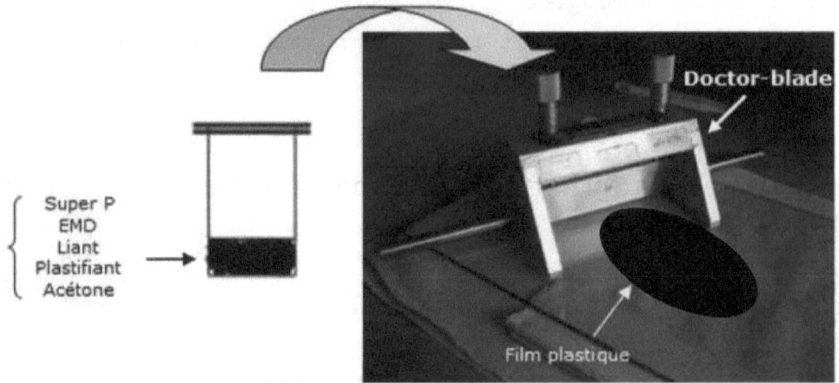

Figure 1. Obtention d'un film plastique par la méthode Bellcore.

La viscosité du film est contrôlée par la quantité d'acétone ajoutée qui est en général de l'ordre de 4 équivalents en masse par rapport au mélange initial carbone-catalyseur-polymère-plastifiant (2-2,5/0,5 g). Ce rapport acétone-constituants est cependant ajusté en fonction des matériaux employés (type de carbone, de catalyseur) tout comme la quantité de liant qui peut parfois être augmentée lorsque des matériaux très divisés sont utilisés.

Après séchage du film à température ambiante, des disques d'électrode de diamètre égal à 12 mm sont coupés à l'aide d'un emporte-pièce. Les électrodes sont pesées individuellement puis placées une demi-heure dans l'éther éthylique afin de dissoudre le phtalate de dibutyle. Cette opération est répétée deux fois afin d'assurer une complète solubilisation du plastifiant dans le solvant organique. Ce dernier étant extrêmement volatile, il est par la suite aisé de s'en débarrasser, en laissant les électrodes à l'air ambiant au sein d'une sorbonne à extraction. Les électrodes une fois séchées possèdent une épaisseur d'environ 100 microns.

La composition finale (après extraction du plastifiant) est alors : **carbone SP/catalyseur/liant 25/42/33%** en masse d'électrode. Les électrodes sont finalement séchées sous vide primaire pendant 12 heures à une température de 80 °C, puis directement transférées en boîte à gants où elles sont finalement utilisées en cellules lithium-air.

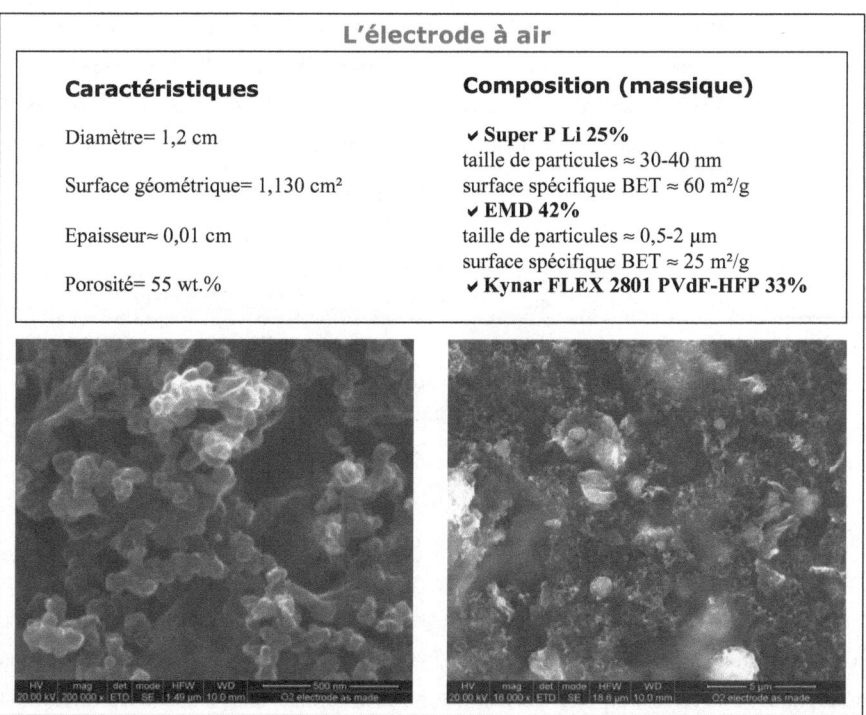

Figure 2. *Clichés de microscopie électronique à balayage réalisés sur des électrodes poreuses fraîchement préparées.*

1.2 Assemblage et conditions d'opération de cellules Li-O$_2$

Les tests électrochimiques sont réalisés en cellules customisées de type Swagelok (**figure 3**). Les pièces métalliques sont en acier inoxydable à l'exception du collecteur de courant de l'électrode positive (électrode à air) qui est un tube en aluminium, exposant ainsi la batterie à l'atmosphère d'oxygène. Un disque de lithium métallique (Aldrich, 0,38 mm d'épaisseur, 7 mm de diamètre) est placé sur le collecteur de courant en acier inoxydable, au-dessus duquel deux disques de séparateur Whatman (microfibre de borosilicate) sont imprégnés de l'électrolyte non aqueux (environ 150 μL). Ce dernier est préparé en dissolvant 1 mole de sel de lithium LiPF$_6$ (Aldrich, Battery grade) par litre de carbonate de propylène

(CP, Merck selectipur). Le solvant est au préalable séché pendant plusieurs jours sous tamis moléculaire[c]. Le carbonate de propylène a été sélectionné pour ses propriétés physico-chimiques [3,4] (**table 1**). Il possède un point d'ébullition suffisamment élevé ($T_é$=241°C) pour limiter l'évaporation de l'électrolyte au cours de l'opération de la batterie, une conductivité des ions lithium ($LiPF_6$ 1 M) relativement élevée (6 mS/cm) à température ambiante, une viscosité modérée (2,55 cP) et une très bonne stabilité anodique[d] (potentiel de décomposition électrochimique de l'électrolyte supérieure à 5 V par rapport au couple électrochimique de référence Li^+/Li^0) permettant, en théorie, de recharger une cellule lithium-air anhydre sans oxyder l'électrolyte[e].

L'électrode à air est ensuite placée par-dessus les séparateurs. Au préalable, nous laissons l'électrode en contact avec la solution électrolytique dans un pilulier afin qu'elle absorbe la solution (environ 30 min). Une grille d'aluminium est employée comme collecteur de courant, avant de refermer la cellule avec le tube en aluminium. Toutes ces opérations sont réalisées en boîte sèche[f].

Carbonate de propylène	
Constante diélectrique	64,4
Viscosité (25°C)	2,55 cP
Point de fusion	-49°C
Point d'ébullition	241°C
Conductivité ionique	6 mS/cm
Stabilité anodique	5,8 V vs. Li^+/Li^0

Table 1. *Propriétés physico-chimiques du CP.*

La cellule est ensuite isolée dans un tube en verre, composé de deux valves à chaque extrémité (**figure 3**). De l'oxygène pur ($\geq$ 99,999%) et sec ($H_2O \leq$ 2ppm) circule à pression atmosphérique au travers du tube, pendant 15 minutes, période après laquelle les valves sont refermées et la batterie prête à être testée.

Les électrodes à air sont déchargées en mode galvanostatique (cyclage électrochimique à courant constant) à l'aide d'un cycleur (Bio-Logic de type VMP3). Si non spécifié, les cellules sont déchargées dans une étuve thermostatée maintenue à 25 °C avec une densité de courant de 70 mA par gramme de carbone contenu dans l'électrode. Si nous prenons en compte une surface géométrique de 1,130 cm², les régimes de courant appliqués en mA/g correspondent à une densité de courant surfacique d'environ 0,05 mA/cm². Les

---

[c] La teneur en eau dans l'électrolyte, évaluée par la méthode de Karl Fisher, est inférieure à 10 ppm.
[d] La valeur reportée a été mesurée par voltampérométrie linéaire sur carbone vitreux (vitesse de balayage= 0.1 mV/s) [3].
[e] Potentiel thermodynamique pour la réaction : $Li_2O_2 \rightarrow 2Li + O_2$; E^0= 3,10 V.
[f] H_2O, $O_2 \leq$ 1ppm.

batteries sont déchargées[g] de leur potentiel à circuit ouvert (~2,8-3,2 V vs. Li$^+$/Li^0), jusqu'au potentiel de coupure de 2 V, puis rechargées[h] jusqu'à 4,3 V. Le potentiel de coupure en charge peut varier selon la nature de l'électrode. La capacité spécifique est reportée en milliampères heure par gramme de carbone contenu dans l'électrode (25%), cependant nous évaluons aussi les performances de nos électrodes en normalisant les capacités pratiques par masse totale d'électrode incluant les produits de réaction (**table 2**). En supposant que le peroxyde de lithium Li$_2$O$_2$ est le produit majoritaire de réaction, nous ne considérons que l'oxygène en masse car le lithium provient de l'oxydation électrochimique de l'électrode négative et serait alors compté deux fois.

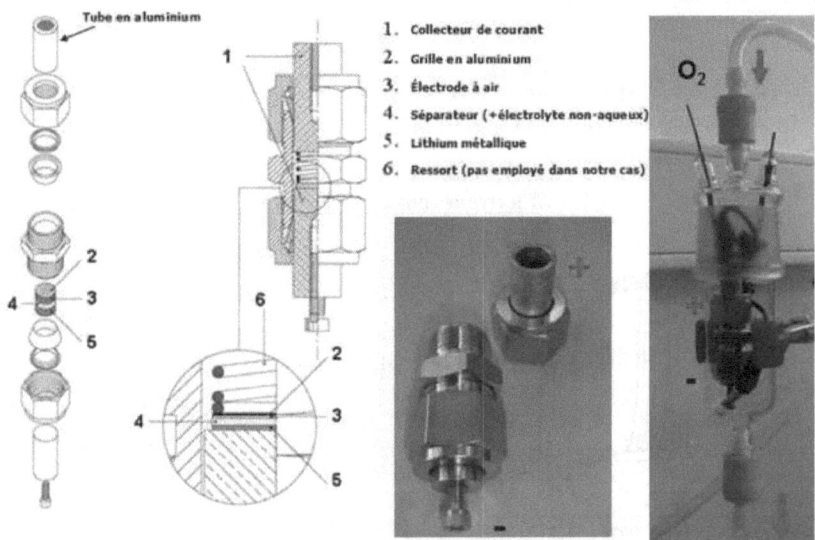

Figure 3. *Schématisation d'une batterie lithium-air de laboratoire et d'un tube en verre utilisé pour cycler les batteries sous une atmosphère d'oxygène.*

1.3   Tests électrochimiques préliminaires

1.3.1   Effet du catalyseur sur le comportement électrochimique

---

[g] Fonctionnement cathodique de l'électrode à air (réduction d'un oxydant).
[h] Fonctionnement anodique de l'électrode à air (oxydation d'une forme réduite).

La **figure 4** représente les cycles galvanostatiques ainsi que la tenue en cyclage de cellules lithium-air anhydres « benchmark » employant la formulation d'électrode et les conditions de cyclage standard précédemment décrites. En comparaison, des électrodes sans catalyseur[i] ont été cyclées dans les mêmes conditions.

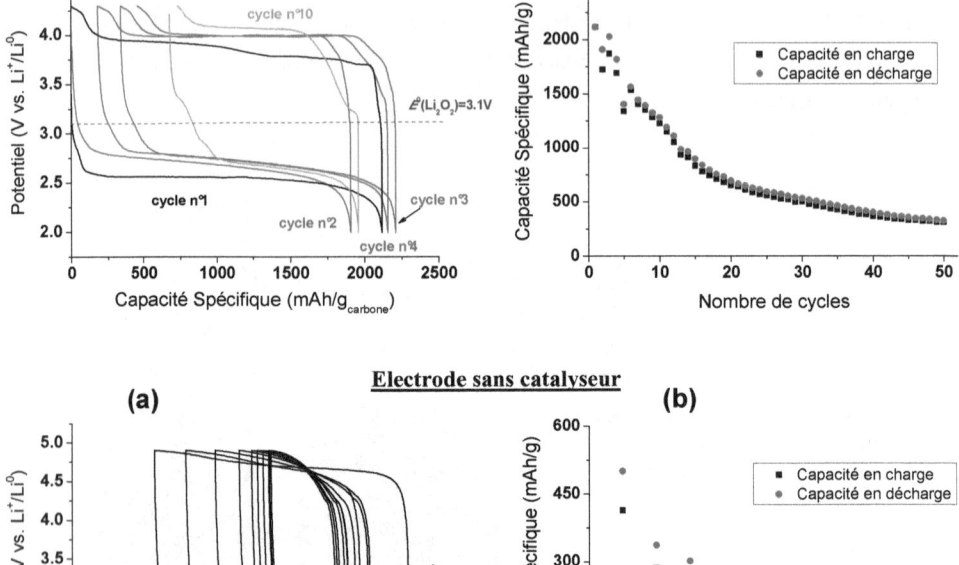

Figure 4. *A) Courbes électrochimiques (variation du potentiel en fonction de la capacité gravimétrique) de cellules lithium-air anhydres et **B)** évolution de la capacité spécifique de la batterie au cours du cyclage électrochimique. Composition massique de l'électrode sans catalyseur après extraction du plastifiant : Super P Li/PVdF-HFP 66/33. Potentiel de coupure : 4,9 V vs. Li^+/Li^0. Electrolyte : 1 M $LiPF_6$/CP. Température : 25°C. Régime : 70 $mA/g_{carbone}$. Atmosphère : 1 atm d'O_2 sec. $\Delta E^0(Li_2O_2)$: potentiel thermodynamique de la réaction $2Li + O_2 \leftrightarrows Li_2O_2$.*

Le dioxyde de manganèse joue un rôle prépondérant dans l'amélioration des performances électrochimiques, avec notamment la réduction de polarisation entre les

---

[i] Carbone SP/PVdF/DBP, composition massique : 30/15/55%

potentiels de décharge et de charge, l'augmentation de la capacité spécifique et une meilleure rétention de la capacité sur les dix premiers cycles de vie de la batterie. Le catalyseur semble avoir une action plus spécifique lors de la recharge puisqu'il réduit la polarisation d'environ 800 mV, contre seulement 100 mV lors de la décharge (**table 2**). Cependant, force est de constater que la cyclabilité prolongée de nos électrodes est encore très limitée et que la polarisation entre les demi-cycles de décharge et charge est très grande ($\sim$ 2 V).

	Propriétés		**Electrode avec catalyseur**	Electrode sans catalyseur
1ère décharge	Capacité surfacique		**1,08 mAh/cm²**	0,68 mAh/cm²
	Capacité du carbone seul		**2112 Ah/kg**	500 Ah/kg
	Capacité de l'électrode		**504 Ah/kg**	333 Ah/kg
	Capacité de l'électrode + O_2 absorbé		**387 Ah/kg**	277 Ah/kg
	Densité d'énergie de l'électrode incluant O_2		**986 Wh/kg (2,55 V)**	687 Wh/kg (2,48V)
	Potentiel de décharge	1er cycle	**2,55 V**	2,48 V
		2è cycle	**2,68 V**	2,61 V
	Potentiel de charge	1er cycle	**3,88 V**	4,71 V
		2è cycle	**3,99 V**	4,72 V
	Polarisation		**1,3**	2,2
	Rendement énergétique		**66%**	52%
	Rétention de la capacité après dix cycles galvanostatiques		**60%**	22%
Li-ion	Capacité de $LiCoO_2$		137 Ah/kg	
	Capacité de l'électrode[j]		116 Ah/kg	
	Densité d'énergie de l'électrode		430 Wh/kg (3,7V)	
	Rendement énergétique		> 98%	

Table 2. *Données expérimentales obtenues sur le cyclage d'électrodes à air en batteries lithium-air non-aqueuses rechargeables « benchmark ». Effet du catalyseur sur les propriétés électrochimiques.*

Dans les deux cas (avec ou sans catalyseur), nous remarquons une polarisation de l'électrode à air plus importante en charge si l'on s'en fixe au potentiel à circuit ouvert de la cellule et du potentiel théorique de l'électrode à air ($\sim$ 3.1 V), pouvant indiquer l'existence de deux mécanismes différents entre la décharge et la charge de la batterie. La signature électrochimique d'une électrode avec catalyseur (**figure 4 (a)**) suggère la formation de plusieurs espèces électroactives à l'électrode positive au cours de l'oxydation avec la présence de plusieurs « plateaux » sur le premier demi-cycle de charge de l'électrode. De plus, nous remarquons une convergence des plateaux précédents en un seul ainsi qu'une diminution de ce dernier lors des charges successives, laissant ainsi penser que la quantité de produits

---

[j] Composition massique (%) d'une électrode typique de batterie Li-ion : $LiCoO_2$/carbone SP/liant 85/10/5.

secondaires formés augmente avec le cyclage, ce qui serait consistant avec l'augmentation du potentiel d'oxydation de la batterie avec le nombre de cycles. En effet les produits solides se formant à la cathode peuvent ralentir le processus électrochimique propre de la batterie (i.e. ajoutant un terme R), augmentant ainsi la surtension nécessaire à l'accomplissement de la réaction (et par conséquent la polarisation).

Nous avons voulu vérifier la stabilité électrochimique de l'électrolyte à hauts potentiels, ceci afin de détecter toute réaction parasite au cours de la charge pouvant venir de l'oxydation du solvant ou du sel support dans nos conditions expérimentales (atmosphère, catalyseur). Pour cela nous avons cyclé nos cellules lithium-air en partant directement en oxydation (**figure 5**). De ce fait, pour une électrode poreuse contenant simplement du noir de carbone et du dioxyde de manganèse, l'unique phénomène détectable à hauts potentiels est la décomposition de l'électrolyte, si on suppose que MnO_2 est stable dans ce domaine de potentiel.

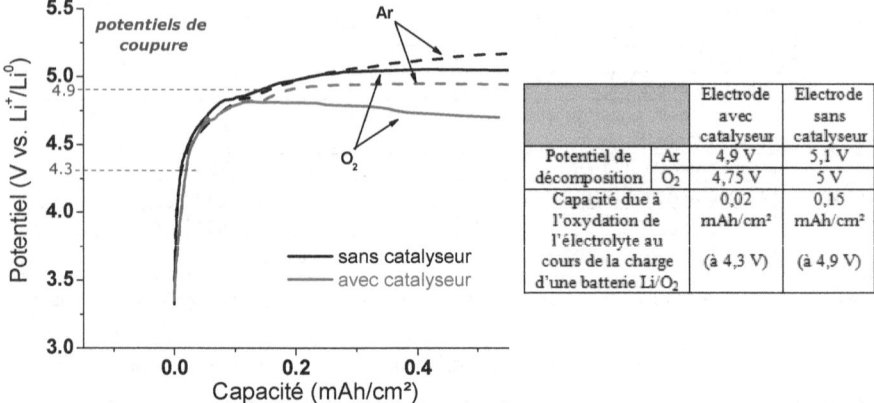

		Electrode avec catalyseur	Electrode sans catalyseur
Potentiel de décomposition	Ar	4,9 V	5,1 V
	O_2	4,75 V	5 V
Capacité due à l'oxydation de l'électrolyte au cours de la charge d'une batterie Li/O_2		0,02 mAh/cm² (à 4,3 V)	0,15 mAh/cm² (à 4,9 V)

Figure 5. *Oxydation électrochimique de batteries lithium-air fraîchement assemblées. Effet de l'atmosphère et du catalyseur sur le potentiel de décomposition de l'électrolyte CP/1 M $LiPF_6$ à 25 °C, sous un courant de charge de 70 mA/$g_{carbone}$. Trait plein : cellules oxydées sous une atmosphère sèche d'oxygène, pointillés : cellules oxydées sous une atmosphère d'argon. **Table 3.** Potentiels de décomposition de l'électrolyte en fonction de l'atmosphère et du catalyseur. Capacités dues à l'oxydation de l'électrolyte mesurées aux potentiels anodiques de coupure appropriés.*

Deux effets notables ont été observés, celui du catalyseur et celui de l'atmosphère. En effet la présence du dioxyde de manganèse EMD dans l'électrode et sous une atmosphère d'oxygène abaisse de 250 mV le plateau de décomposition de l'électrolyte (**table 3**). Par le biais de cette expérience nous pouvons évaluer le degré de décomposition de l'électrolyte lorsque l'électrode à air atteint son potentiel de coupure en charge. Pour une électrode avec catalyseur et un potentiel de coupure fixé à 4,3 V, la capacité due à l'oxydation de l'électrolyte est de 0,02 mAh/cm². Cette électrode peut donc être cyclée sans dégradation électrochimique de l'électrolyte. Par contre, dans le cas de l'électrode sans catalyseur avec un potentiel de coupure plus élevé (4,9 V), la décomposition de l'électrolyte est bien plus prononcée puisque nous nous trouvons quasiment sur le plateau d'oxydation de l'électrolyte (5 V). De ce fait, dû à la forte irréversibilité de la réaction de réduction d'O_2 en milieu non aqueux contenant des ions lithium, la rechargeabilité de l'électrode à air et sa cyclabilité dépendent fortement de la présence d'un catalyseur facilitant l'oxydation des produits de décharge. L'interface catalyseur-électrolyte est cependant un paramètre supplémentaire à considérer. Des phénomènes électrochimiques de surface semblent favoriser l'oxydation de l'électrolyte au cours de la recharge (oxydation à plus bas potentiel).

1.3.2 Observations de l'électrode à air au cours du cyclage

La **figure 6** décrit l'évolution morphologique de l'électrode à air au cours d'un cycle galvanostatique. Nous avons successivement observé par microscopie électronique à balayage (MEB) une électrode poreuse à différents états de décharge (b,c) puis après un cycle complet (d).

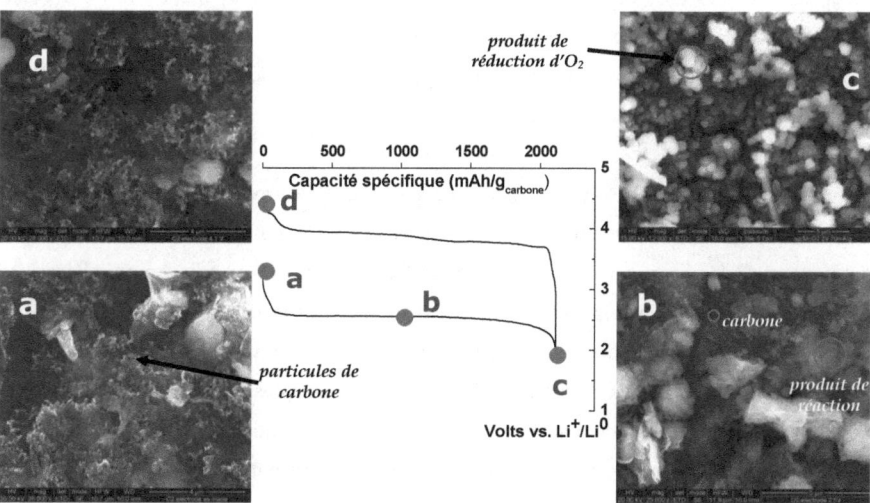

Figure 6. *Premier cycle galvanostatique d'une électrode à air (électrode avec catalyseur, électrolyte : 1 M LiPF₆/CP) et images MEB correspondantes : **(a)** état initial avant cyclage, **(b)** demi-décharge (2,5 V), **(c)** décharge profonde (2 V) et **(d)** après un cycle complet (4,3 V).*

Les images MEB identifient parfaitement le mécanisme de passivation/dépassivation prenant place à l'électrode à air au cours d'un cycle de décharge/charge du générateur. La décharge est associée au phénomène de passivation de la cathode par Li_2O_2 (i.e. précipitation électrochimique) alors que la charge correspond à l'oxydation de la couche de passivation. En milieu aprotique, la réduction électrochimique de l'oxygène conduit à la formation d'ions superoxide $O_2^{\cdot-}$, de par sa nature chimique ce dernier a tendance à réagir très rapidement avec les acides de Lewis (cations) présents dans le milieu. La solubilité des produits de réaction dépend de l'affinité chimique (théorie HSAB [5]) entre les espèces réduites de l'oxygène (anions) et les cations, et des propriétés solvatantes de la solution électrolytique. La nature des produits de réaction est également affectée par le type d'électrolyte et le couple solvant-soluté choisi [6]. Nous reviendrons plus en détails sur ces notions au cours du chapitre suivant.

En observant les micrographies MEB (**figure 6**), nous distinguons les nanoparticules de noir de carbone faisant surface (électrode non cyclée, **cliché (a)**). En fin de décharge (2 V, **cliché (c)**), celles-ci se trouvent recouvertes de particules sphériques d'environ 1 à 3 microns (probablement Li_2O_2), si bien que les pores de l'électrode à air se retrouvent obstrués. Le caractère isolant de cette couche « électrodéposée » rend l'image MEB fortement contrastée (i.e. brillante) dans les zones concentrées en produit de décharge. L'oxygène n'ayant plus accès aux surfaces chargées du carbone, la réaction électrochimique prend fin. Cette étape limite ainsi la capacité électrochimique de la batterie. Nous observons la disparition de ces produits de réaction au cours de la charge suivante comme indiqué par le **cliché (d)** d'une électrode rechargée à 4,3 V.

La diffusion de l'oxygène dans l'épaisseur de l'électrode poreuse est un facteur affectant la capacité des batteries lithium/oxygène. A forts régimes de courant, la migration des espèces électroactives vers l'intérieur de l'électrode devient un processus limitant. Les produits de décharge précipitent majoritairement à la surface de l'électrode, là où la concentration en oxygène dissous est la plus importante. A plus faibles régimes, avec une distribution du courant plus homogène et des espèces ayant plus de temps pour diffuser, le volume poreux de l'électrode à air devient plus accessible facilitant l'obtention de capacités plus importantes. Cela souligne à nouveau l'extrême importance du choix de l'électrolyte (ou catholyte) comme véhicule d'oxygène, point sur lequel nous nous attarderons plus tard dans ce manuscrit.

La **figure 7** illustre par microscopie électronique à balayage l'effet de la densité de courant sur la diffusion de l'oxygène et le remplissage de l'intérieur de l'électrode par les produits de réaction. Trois électrodes identiques ont été déchargées dans les mêmes conditions expérimentales mais à des densités de courant allant de 15 à 200 mA/g$_{carbone}$. Les signatures électrochimiques reportées en **figure 7** soulignent la limitation de puissance propre aux systèmes métal/air avec une baisse prononcée de la tension et de la capacité délivrée par la batterie lorsque le courant de décharge augmente.

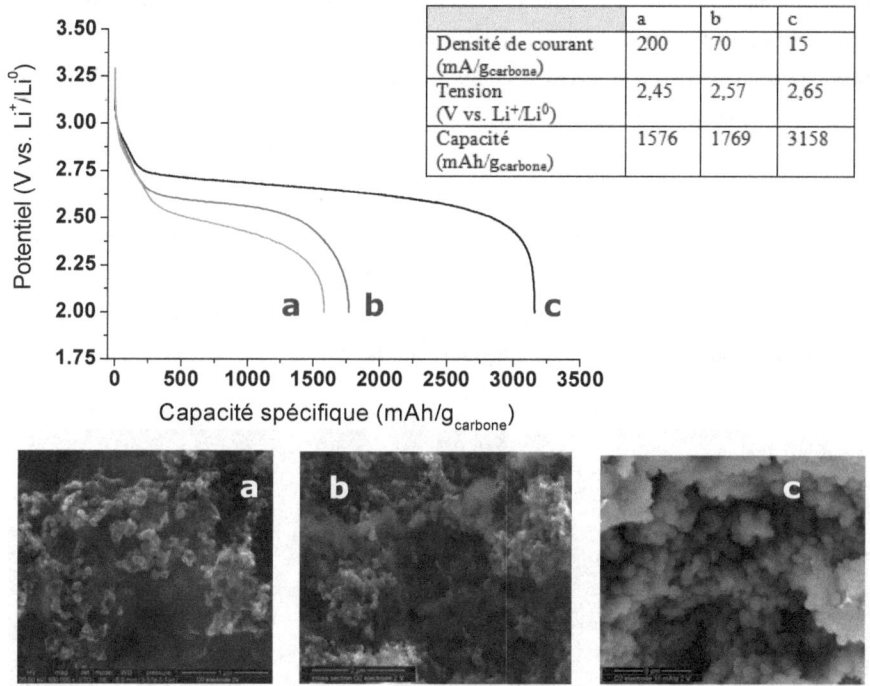

	a	b	c
Densité de courant (mA/g$_{carbone}$)	200	70	15
Tension (V vs. Li$^+$/Li^0)	2,45	2,57	2,65
Capacité (mAh/g$_{carbone}$)	1576	1769	3158

Figure 7. *Images MEB par coupe transverse (centre de l'électrode) d'électrodes à air déchargées au potentiel de coupure de 2 V vs. Li$^+$/Li^0, à (**a**) 200 mA/g, (**b**) 70 mA/g et (**c**) 15 mA/g$_{carbone}$ dans une solution CP/1M LiPF$_6$ (25°C/1 atm de O$_2$ sec). **Table 4.** Variation de la capacité et du potentiel de décharge en fonction de la densité de courant appliquée.*

1.3.3 Mise en évidence du phénomène de passivation par voltampérométrie cyclique

Nous avons voulu observer les phénomènes de passivation d'électrode par voltampérométrie cyclique. Pour ce faire, la réduction de l'oxygène en milieu aprotique à l'électrode de carbone vitreux a été étudiée en cellule électrochimique classique à 3 électrodes.

1.3.3.a)   *Conditions expérimentales*

Les mesures de voltampérométrie cyclique furent réalisées à l'aide d'une cellule électrochimique classique à 3 électrodes connectée à un potentiostat (Autolab PGSTAT 20, Eco Chemie, avec correction automatique de la chute ohmique). L'électrode de travail (ou électrode opérative) est une macro-électrode disque plan en carbone vitreux (S= 0,005 cm², BAS Inc.), la contre-électrode un fil de platine et l'électrode de référence un fil d'argent maintenu dans un tube capillaire équipé d'un fritté. L'argent n'étant qu'une pseudo-référence couramment employée en électrochimie analytique des milieux non aqueux, nous avons utilisé le ferrocène comme étalon interne (couple redox Fc^+/Fc)[k] pour calibrer les potentiels redox. La cellule est également équipée d'un bulleur qui nous permet de saturer nos solutions en gaz dissous (**figure 8**). L'électrode de travail est minutieusement polie avant chaque expérience à l'aide d'une suspension d'alumine puis nettoyée à l'eau distillée et à l'éthanol.

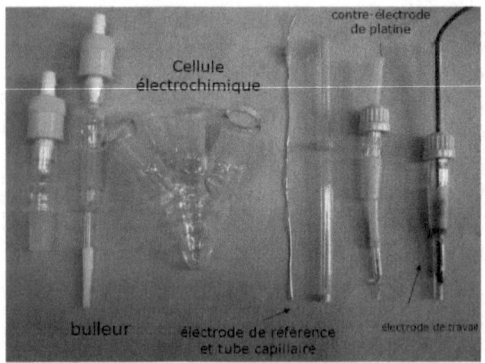
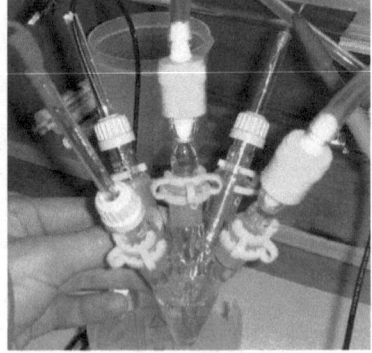

Figure 8. *Cellule électrochimique à 3 électrodes mise au point pour étudier les mécanismes liés à la réduction de l'oxygène en milieu non aqueux.*

---

[k] Ion Ferricinium $Fe(C_5H_5)_2^+$/Ferrocène $Fe(C_5H_5)_2$.

La solution électrolytique est typiquement la même que celle employée en cellule lithium-air : un mélange sel de lithium LiPF$_6$ (0,1 M) / carbonate de propylène. Nous avons également préparé une solution standard TBAPF$_6$ (0,1 M) / carbonate de propylène[1]. Tous les matériaux/électrolytes sont préparés et conservés en boîte sèche à l'intérieur de laquelle les cellules électrochimiques sont assemblées. Les solutions d'électrolytes sont préalablement maintenues sous flux d'argon pendant 30 minutes afin d'éviter toute réaction parasite liée à la présence d'humidité et par la suite purgées avec de l'oxygène sec pendant 30 minutes afin d'atteindre la saturation en O$_2$ dissous; les tests étant finalement réalisés à température ambiante.

1.3.3.b)   ***Résultats et discussion***

La **figure 9** décrit à l'aide de la voltampérométrie cyclique la réduction de l'oxygène à l'électrode de carbone vitreux en milieu aprotique en fonction de la nature de l'électrolyte.

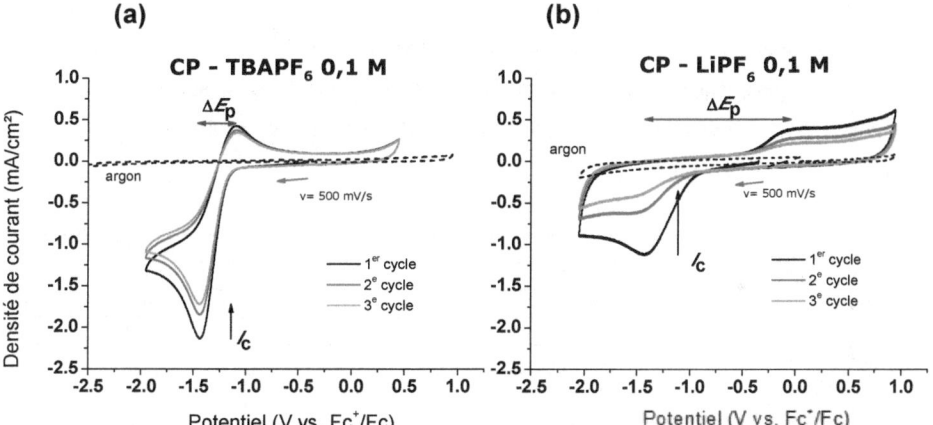

Figure 9. *Voltampérogrammes cycliques de la réduction électrochimique de l'oxygène en régime de diffusion pure dans une solution **A)** CP/TBAPF$_6$ 0,1 M, **B)** CP/LiPF$_6$ 0,1 M. Electrode de travail disque plan en carbone vitreux (S= 0,005 cm²). Vitesse de balayage : 500 mV/s.*

Le but ici n'est pas de mettre en évidence les mécanismes électrochimiques (nous aborderons ce point au chapitre suivant) mais d'observer les modifications des

---

[1] Le tétrabutyle d'ammonium (TBA) est un cation de sel d'ammonium quaternaire NR$_4^+$ (R= C$_2$H$_5$, C$_4$H$_9$, etc.). TBAPF$_6$, grâce à sa large fenêtre de stabilité électrochimique, est couramment utilisé comme électrolyte support en électrochimie analytique des milieux non aqueux.

voltampérogrammes liées à la nature du sel support employé, unique paramètre qui dissocie les deux expériences.

Sur la **figure 9 (a)**, le tétrabutyle d'ammonium est employé comme cation du sel support. Ce dernier possède un rayon ionique assez grand (r_0= 4,94 Å) [7] et une charge positive δ+ sur l'azote très peu réactive puisque quatre longues chaînes alkyles (C_4H_9) la stabilisent par effets inductifs donneurs. TBA^+ est donc considéré comme un acide relativement faible et peu solvaté [8]. La réduction de l'oxygène correspondant à l'apparition d'une vague cathodique (courant négatif) produit l'ion superoxide selon la réaction électrochimique: $O_2 + e^- \rightarrow O_2^{\cdot-}$ [9,10,11]. Ce dernier est un radical possédant une longueur de liaison O-O de 1,33 Å (contre 1,21 et 1,49 Å dans O_2 et O_2^{2-}, respectivement) et une densité de charge relativement faible, que nous pouvons classer comme base faible [12]. Ainsi, suite à la réduction électrochimique de l'oxygène, la réaction acido-basique suivante $O_2^{\cdot-} + TBA^+ \rightarrow$ $TBAO_2$ se produit conduisant à une espèce stable (interaction de type « mou-mou ») connue sous le nom de superoxide de tétrabutyle ammonium [6]. Cette dernière est soluble dans le carbonate de propylène et diffuse en paire d'ions hors de la surface de l'électrode. Ainsi, le couple électrochimique ($O_2/O_2^{\cdot-}$) correspond à un système qualifié de « rapide » ou « quasi-rapide » avec l'observation d'une vague anodique ($O_2^{\cdot-} \rightarrow O_2 + e^-$) relativement proche de celle cathodique ($\Delta E_p \approx 0,3$ V).

		PC-TBAPF$_6$	PC-LiPF$_6$
Courant cathodique^m I_c (mA/cm^2)	1er cycle	-2,13	**-1,12**
	2ème cycle	-1,83	**-0,62**
	3ème cycle	-1,71	**-0,43**
Rétention du courant au 3ème cycle		≈80%	**≈38%**
Séparation des vagues cathodique et anodique ΔE_p (V)		0,33	**1,43**
Potentiel de réduction de l'oxygène (apparition) (V vs. Fc$^+$/Fc)		-1,03	**-0,90**

Table 5. *Données expérimentales (I, E) extraites des voltampérogrammes cycliques. Comparaison des deux solutions électrolytiques étudiées et effet du cation sur les paramètres électrochimiques et l'allure des voltampérogrammes cycliques.*

Lorsque nous introduisons des ions Li$^+$ à la solution, nous observons une modification drastique du voltampérogramme cyclique (**figure 9 (b)**). A des vitesses de balayage équivalentes et des conditions expérimentales similaires, la simple addition d'ions lithium

---

^{m} Valeurs absolues de courant, incluant courant capacitif et courant faradique.

rend le processus électrochimique fortement irréversible ($\Delta E_p \approx 1,4$ V). Ceci s'explique par la formation d'un ou plusieurs produits solides (Li_2O_2, Li_2O) à la surface de l'électrode de travail.

Différents aspects du voltampérogramme permettent de confirmer cela (**table 5**) :

1. La décroissance rapide du courant cathodique, manifeste surtout à la limite de diffusion (i.e. au « pic » de courant), avec le nombre de cycle. Nous observons une rétention du courant de seulement 38% au 3ème cycle (à comparer aux 80% de la solution sans lithium) qui suggère que l'électrode de travail se passive progressivement (i.e. perd de sa surface active avec le nombre de cycles).

2. La séparation des processus faradiques ($\Delta E_p \approx 1,4$ V) indique l'existence d'une réaction chimique couplée à la réaction électrochimique, étape limitant cinétiquement le processus global, dont le produit est fortement insoluble et demeure à la surface de l'électrode. Le couple redox $O_2/O_2^{\cdot-}$ correspond alors à un système qualifié de « lent ». La forme du voltampérogramme avec une déplétion plus lente du courant au-delà du pic cathodique (donc en allant vers des potentiels plus négatifs) indique une légère solubilité du produit intermédiaire de réaction[n] avec une diffusion possible des produits formés à l'électrode vers la solution. La réaction du mécanisme électrochimique-chimique (EC) peut s'écrire :

$$O_2 + e^- \rightarrow O_2^{\cdot-}$$
$$O_2^{\cdot-} + Li^+ \rightarrow LiO_2 \text{ (solvaté)} \underset{K_s}{\leftrightarrows} LiO_2 \text{ (solide)}$$

3. L'apparition de la vague cathodique correspondant à la réduction de l'oxygène se fait à des potentiels plus positifs (**table 5**) en présence d'ions lithium, indiquant une réaction chimique entre les superoxides et les ions lithium[o] beaucoup plus rapide d'un point de vue cinétique que dans le cas du cation TBA^+ **[13]**.

---

[n] Cette solubilité partielle variera en fonction du degré de solvatation des espèces électroactives et donc de la nature (i.e. polarité) du solvant. $K_s = [O_2^{\cdot-}][Li^+]$. ΔE_p dépend ainsi de la solubilité du produit de réaction.
[o] Transfert électronique de l'ion superoxide (base de Lewis) vers le cation métallique Li^+ (acide de Lewis) **[13]**.

1.4 Conclusions

L'électrode à air et son utilisation en milieu non aqueux, outre les avantages que nous avons pu citer plus tôt dans ce manuscrit, fait face à de nombreux verrous technologiques. La suite de ce travail sera donc orientée sur l'optimisation des paramètres de l'électrode afin de tenter de lever, un à un, chacun des verrous listés ci-dessous par :

- La sélection d'un catalyseur adéquat permettant de réduire la polarisation de l'électrode et d'en maintenir une bonne cyclabilité ainsi que la détermination de ses conditions d'ajout à l'électrode afin d'améliorer les propriétés électrochimiques de la composite carbone/catalyseur constituant l'électrode à air.

- La maîtrise de la précipitation de Li_2O_2 à l'électrode à air via le contrôle de la porosité de l'électrode et notamment la texturation de nos carbones, afin d'optimiser les propriétés de stockage du produit de réaction.

- La diminution de la polarisation à l'électrode à air via une amélioration de l'interface carbone/catalyseur faisant appel à l'élaboration de composites carbone-catalyseur par voies chimiques comme nous le verrons par la suite et enfin par,

- Le développement d'électrolytes et d'additifs capables de dissoudre partiellement le peroxyde de lithium et ayant les propriétés physico-chimiques adéquates pour assurer un transport rapide de l'oxygène.

2 Rôle du catalyseur et nouvelle méthode de sélection pour l'électrode à air

La réaction de décomposition de l'eau oxygénée ($H_2O_2 \,_{(aq)} \rightarrow H_2O + 1/2O_2$) dans les milieux aqueux est ici employée pour la première fois afin de mimer la réaction d'oxydation correspondant à la charge d'une batterie lithium-air anhydre ($Li_2O_2 \,_{(s)} \rightarrow 2Li + O_2$). Il s'agit d'une réaction couramment utilisée à l'échelle du laboratoire pour tester l'activité catalytique de matériaux généralement préparés sous forme de poudres divisées d'oxydes de métaux de transition [14,15,16,17,18,19,20]. Bien que les milieux réactionnels soient différents (eau $\neq$ solvants aprotiques), pouvant induire des mécanismes différents [21], et que l'état physique des espèces peroxyde soit aussi différent (liquide (H_2O_2) $\neq$ solide (Li_2O_2)), pouvant donc conduire à des changements au niveau de la cinétique des réactions, il est à noter que ces réactions partagent en commun le fait de passer par l'existence de domaines triphasés mettant en relation un gaz, une phase liquide et des particules solides. L'ajout de catalyseur est bien connu pour augmenter les vitesses d'oxydation de H_2O_2 et de Li_2O_2. Des études récentes concernant le développement de catalyseurs pour batteries lithium-air non-aqueuses suggère l'emploi de métaux d'oxydes de transition (MnO_x, Co_3O_4, etc.) [22,23,24,25] ou de métaux nobles [26,27]. Nous avons donc voulu étendre cette réaction de test catalytique sur H_2O_2 à nos poudres préparées au laboratoire en vue d'une implication en électrode à air rechargeable.

2.1   Description de la méthode de l'eau oxygénée

2.1.1 Rappels

Un catalyseur est une espèce chimique qui permet d'augmenter la cinétique d'une réaction mais qui n'apparaît pas dans l'équation de cette réaction. Il modifie le mécanisme réactionnel de la réaction étudiée, c'est-à-dire la nature des étapes permettant de passer des réactifs aux produits.

La catalyse hétérogène caractérise des réactions entre fluides au contact d'un catalyseur solide. L'activité du catalyseur ne dépend pas de la masse proprement dite de celui-ci mais plutôt de la surface de contact entre le réactif et le catalyseur. Les étapes essentielles de la catalyse hétérogène sont des réactions de surface entre les atomes superficiels du catalyseur et les molécules réactives. Un catalyseur est d'autant plus efficace que sa surface active est grande. On admet qu'il y a fixation superficielle ou adsorption de ces molécules suivant un processus réactionnel mettant en jeu des énergies du même ordre de grandeur que celles des liaisons ioniques ou covalentes (20 à 100 kJ/mol). Les processus qui constituent le mécanisme de la catalyse hétérogène peuvent engendrer les 5 étapes suivantes :

1. Diffusion des réactifs vers la surface,
2. Adsorption des réactifs à la surface (chimisorption entraînant l'activation des molécules adsorbées),
3. Réaction chimique ou de type redox [28] à la surface entre molécules activées,
4. Désorption des produits à la surface,
5. Diffusion des produits loin de la surface.

Parmi ces différentes étapes, l'étape (3) est bien connue pour être en général l'étape lente et par conséquente déterminante.

Le peroxyde d'hydrogène se décompose selon une réaction exothermique de dismutation en eau et dioxygène. La vitesse de cette réaction dépend de facteurs physiques (température, lumière), de la concentration initiale du réactif H_2O_2 et du pH de la solution. Il s'agit d'une réaction dont la cinétique chimique est d'ordre 1 [29]:

$$v = k[H_2O_2] = \frac{-d[H_2O_2]}{dt}$$

$$-kdt = \frac{d[H_2O_2]}{[H_2O_2]}$$

$$-kt + cste = \ln[H_2O_2]$$

(1) $\boxed{\ln[H_2O_2]_t = -kt + \ln[H_2O_2]_0}$

k est la constante (ou coefficient) de vitesse (s^{-1}), elle est indépendante des concentrations et du temps mais dépend de l'énergie d'activation (E_a) de la réaction étudiée et également de la température. D'une manière générale, les réactions ayant les énergies d'activation les plus faibles sont les plus rapides et inversement celles qui ont les énergies d'activation les plus élevées sont les plus lentes. Le catalyseur a pour rôle d'abaisser l'énergie d'activation de la réaction. Ainsi, déterminer les valeurs de k permet d'évaluer l'activité catalytique de différents matériaux vis-à-vis de la réaction de dismutation de l'eau oxygénée.

2.1.2 Détermination de la constante de vitesse k

Selon l'**équation (1)** ci-dessus, la concentration en eau oxygénée $[H_2O_2]_t$ correspond à la concentration restant dans la solution à l'instant t. La concentration $[H_2O_2]_0$ correspond à la concentration initiale d'H_2O_2. On ne connaît pas ces concentrations mais elles vont évoluer linéairement avec le volume d'oxygène dégagé V_t. Nous dénommerons V_0 le volume à temps infini (quand il n'y a plus de gaz qui se dégage), volume proportionnel à $[H_2O_2]_0$, et V_t le volume d'oxygène produit à l'instant t, ainsi $V_0 - V_t$ est proportionnel à $[H_2O_2]_t$. Nous obtenons donc:

$$\ln[H_2O_2]_t = -kt + \ln[H_2O_2]_0 \Leftrightarrow \ln\left(\frac{[H_2O_2]_t}{[H_2O_2]_0}\right) = -kt \Leftrightarrow \ln\left(\frac{(V_0 - V_t)}{V_0}\right) = -kt$$

$$\ln\left(\frac{V_0}{(V_0 - V_t)}\right) = kt \qquad \textbf{(2)}$$

Equation linéaire de type $y = ax + b$, l'**équation (2)** va nous permettre de calculer les valeurs de k en mesurant expérimentalement V_t puis en traçant le ln ($V_0/(V_0 - Vt)$) en fonction du temps de réaction. L'obtention d'une droite confirmera qu'il s'agit bien d'une réaction du 1er ordre et la pente nous donnera la valeur de k. Rappelons qu'une réaction de deuxième ordre est caractérisée par une dépendance linéaire de $1/[A]$ (et non ln $[A]$) en fonction du temps.

2.1.3 Protocole expérimental et tests préliminaires

2.1.3.a)   Mode opératoire

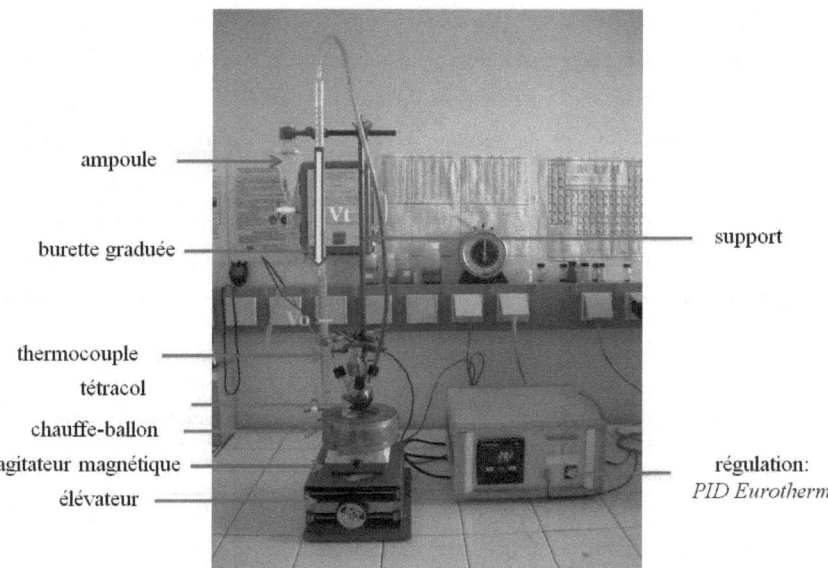

Figure 10. *Photographie du montage expérimental de mesure de l'activité catalytique des matériaux.*

L'activité catalytique d'un matériau dépend fortement de certains paramètres comme la quantité de poudre utilisée par rapport au volume de la solution d'eau oxygénée, la préparation de la poudre (broyage ou non) et la manière dont les tests sont réalisés (agitation du milieu ou non). Par le biais d'une optimisation du protocole expérimental : (1) faible quantité de poudre (10-25 mg), (2) agitation constante de la solution et (3) broyage manuel de 10 minutes au mortier, nous minimisons les problèmes liés à la diffusion des molécules d'eau oxygénée dans le matériau. Le broyage notamment permet de développer la surface accessible du catalyseur pour la solution d'eau oxygénée. Nous supposons également que le dégagement d'oxygène peut induire la fracture de nombreux agglomérats en particules isolées, augmentant ainsi la réactivité du catalyseur.

En se basant sur l'**équation (2)**, nous allons simplement mesurer le volume d'oxygène V_t produit par la dismutation de l'eau oxygénée en fonction du temps. Pour cela nous employons le montage décrit en **figure 10**. En règle générale 25 mg de catalyseur broyés sont ajoutés à une solution diluée d'eau oxygénée à 0,1 mol/L (40 mL) placée sous agitation dans un tétracol. Dans nos conditions expérimentales, la consommation de 0,1 mol/L d'H_2O_2 produit environ 58 mL (V_0, **équation (2)**) d'oxygène. Nous négligeons ici la solubilité partielle de l'oxygène dans l'eau[p]. Un thermocouple est placé dans un fin tube en verre contenant de l'huile de silicone que l'on plonge directement dans le milieu réactionnel de façon à connaître précisément la température de la suspension. Celle-ci augmente légèrement ($\approx$+2°, à 25°C) au cours de la réaction nous indiquant qu'il s'agit d'un processus exothermique[q]. Un tuyau reliant le tétracol à la burette graduée remplie d'eau permet à l'oxygène de se dégager. L'ensemble du montage est maintenu étanche à tout moment après l'addition de la poudre dans le milieu. Le volume d'oxygène dégagé (V_t) est lu sur la burette graduée et le temps est relevé à l'aide d'un chronomètre. Les expériences sont conduites à 25 °C.

2.1.3.b) *Décomposition spontanée de l'eau oxygénée et mesure expérimentale de la constante de vitesse k*

L'eau oxygénée peut se décomposer de façon spontanée[r] et cette décomposition peut être exacerbée par la lumière ou la température. Il est important d'en tenir compte c'est pourquoi dans un premier temps nous avons réalisé un test sans catalyseur. La **figure 11** représente à gauche le volume d'oxygène produit et à droite l'intégration de la loi cinétique

---

[p] 8,26 mg/L à 25°C.
[q] L'enthalpie de la réaction confirme qu'il s'agit bien d'une réaction exothermique ($\Delta_r H° =$ -98 kJ/mole).
[r] La valeur d'énergie libre de Gibbs $\Delta_r G° =$ -117 kJ/mole montre que la réaction de décomposition de H_2O_2 est thermodynamiquement possible ($\Delta_r G° < 0$).

d'ordre 1 (**équation 2**) en fonction du temps de réaction. Le volume d'oxygène dégagé à 25 °C au bout de deux heures est inférieur à 1% du volume attendu pour une décomposition complète (V_0). Nous pouvons donc négliger la décomposition spontanée de l'eau oxygénée dans nos conditions expérimentales. La constante de vitesse k obtenue par simple régression linéaire est égale à 6,6 10^{-7} s^{-1}. L'énergie d'activation de la réaction spontanée de décomposition de l'eau oxygénée est d'environ 75-100 kJ/mol [30].

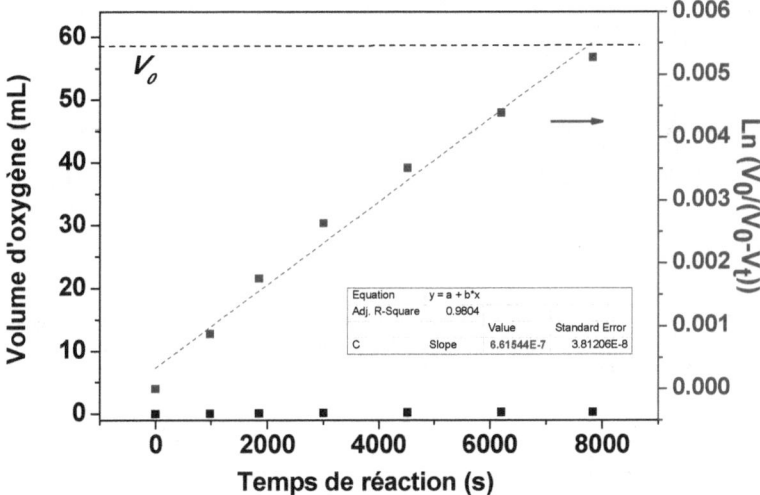

Figure 11. *Décomposition spontanée de l'eau oxygénée en l'absence de catalyseur à 25 °C (carrés noirs) et détermination expérimentale de la constante de vitesse (s^{-1}) par régression linéaire (carrés bleus)(40 mL d'une solution diluée d'H_2O_2 à 0,1M sous agitation).*

2.1.3.c) *Effet du catalyseur sur la constante de vitesse k et l'énergie d'activation E_a de la réaction*

Nous avons ensuite, dans une expérience similaire, mesuré le dégagement d'oxygène en présence d'un catalyseur (**figure 12**). Pour cela nous avons repris le dioxyde de manganèse électrolytique EMD, introduit plus tôt dans ce chapitre (section 1.1) pour la fabrication d'électrode à air avec catalyseur. L'évolution rapide du volume d'oxygène dégagé en fonction du temps de réaction avec catalyseur (carrés noirs) souligne le rôle de l'oxyde dans la facilitation de la réaction de décomposition de l'eau oxygénée. Ceci se confirme par une constante de vitesse de 5,4 10^{-3} s^{-1} à 25 °C nettement supérieure à celle mesurée dans le cas d'une réaction non catalysée.

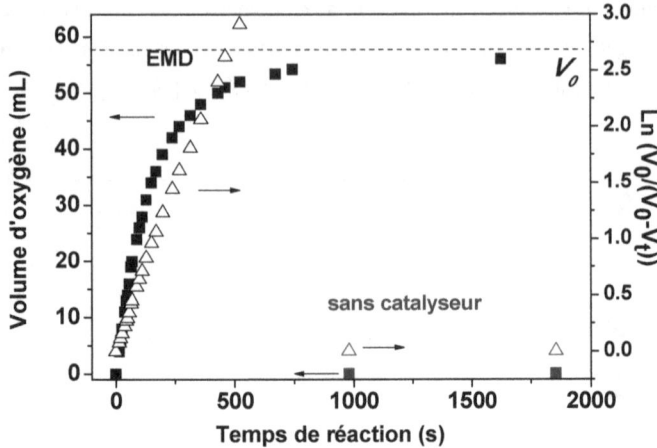

Figure 12. *Effet du catalyseur sur la constante de vitesse de décomposition de l'eau oxygénée à 25°C. 25 mg de dioxyde de manganèse électrolytique (EMD) broyés, ajoutés à 40 mL de solution diluée d'H_2O_2 (0,1 M) sous agitation.*

Pour vérifier l'effet catalytique de l'oxyde de manganèse EMD, nous avons souhaité calculer l'énergie d'activation de la réaction. Pour cela nous avons déterminé la constante de vitesse k à différentes températures allant de 25 à 45 °C (**figure 13**).

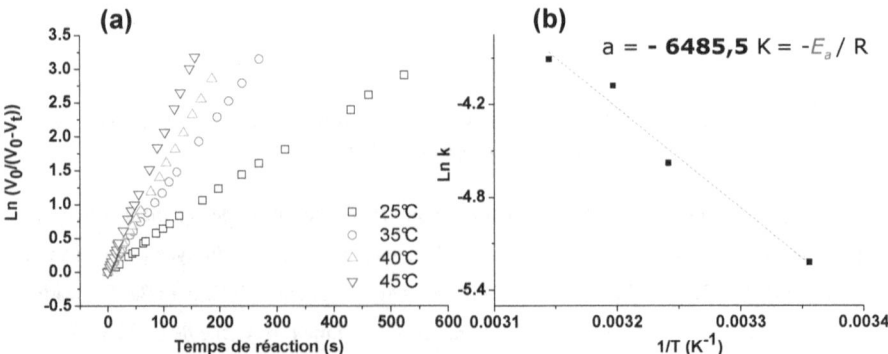

Figure 13. *A) Détermination de la constante de vitesse k en fonction de la température (25 mg EMD non broyés, 40 mL [H_2O_2] ≈ 0,1M, agitation de la solution). B) Tracé d'Arrhenius (k en s^{-1}) et calcul de l'énergie d'activation de la réaction catalysée par MnO_2.*

L'énergie d'activation est toujours positive, elle représente la barrière énergétique que les réactifs doivent franchir pour que la transformation puisse se dérouler. Selon la loi d'Arrhenius, nous avons:

$$k = Ae^{\frac{-E_a}{RT}} \Leftrightarrow \boxed{\ln k = \frac{-E_a}{RT} + \ln A} \quad \textbf{(3)}$$

Où A est le facteur pré-exponentiel d'Arrhenius (ou le facteur de fréquence) et R la constante des gaz parfaits (valeur usuelle $R = 8,314 \text{ J.mol}^{-1}.\text{K}^{-1}$). Ayant calculé la constante de vitesse pour différentes températures, le tracé du ln k en fonction d' $1/T$ (T exprimée en degrés Kelvin) nous donnera une droite de pente égale à $-E_a/R$ avec une ordonnée à l'origine égale à ln A (selon l'**équation (3)**). Dans nos conditions expérimentales, nous obtenons une valeur d'énergie d'activation de la réaction égale à $\approx 53,9 \pm 1$ kJ/mol, soulignant ainsi le rôle du catalyseur dans l'abaissement de la barrière énergétique (**table 6**).

	Température (°C)	Constante de vitesse (s^{-1})	Energie d'activation (kJ/mol)
Sans catalyseur	25	$6,6 \ 10^{-7}$	75-100
Avec catalyseur EMD	**25**	**$5,4 \ 10^{-3}$**	**53,9**

Table 6. *Comparaison de la constante de vitesse et de l'énergie d'activation pour une réaction de décomposition de l'eau oxygénée en fonction du catalyseur (25 mg de MnO_2-EMD, 40 mL de solution à 0,1 M en eau oxygénée, agitation de la solution).*

2.1.3.d)   ***Effet du broyage sur la constante de vitesse k***

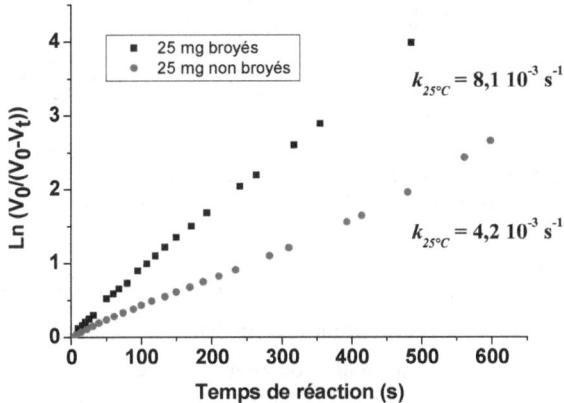

Figure 14. *Effet du broyage (10 min. au mortier) sur la constante de vitesse k (s^{-1}) à 25°C (25 mg d'oxyde de manganèse alpha, 40 mL d'une solution de H_2O_2 à 0,1M sous agitation).*

Le broyage de nos poudres permet une mesure plus « réaliste » des constantes de vitesse grâce à une meilleure accessibilité de la surface du catalyseur. Pour une même quantité de catalyseur, la simple étape de broyage a ici multiplié par deux la constante de vitesse.

2.1.3.e)   *Test catalytique d'une électrode de batteries Li/air*

L'électrode à air contient une quantité importante de liant PVdF-HFP (25-35%). Ce dernier, bien qu'assurant la tenue mécanique de l'électrode, est susceptible de masquer et rendre inactive une partie de la surface du catalyseur. Nous avons réévalué la constante de vitesse de la réaction de décomposition de H_2O_2 en présence de catalyseur, une fois ce dernier incorporé dans un film plastique comme décrit en section 1.1 en compagnie du carbone et du liant. Le plastifiant est extrait dans un mélange eau:éthanol (1/1 en volume) afin d'accroître la polarité de la surface du film et ainsi sa mouillabilité dans une solution diluée d'eau oxygénée. Nous comparons en **figure 15** les résultats obtenus sur poudre et avec l'électrode à air.

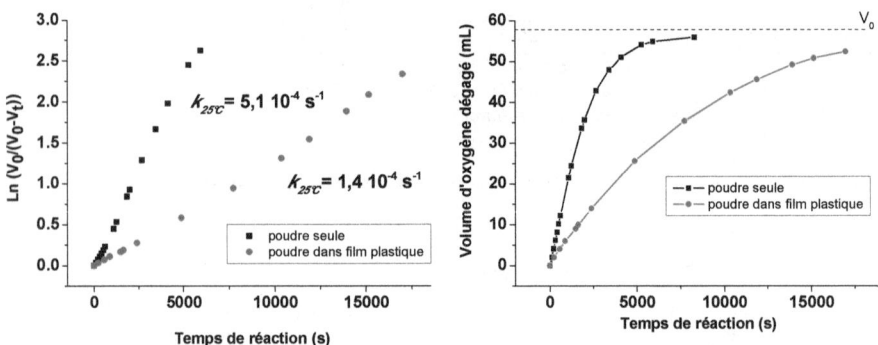

Figure 15. *Activité catalytique de Co_3O_4 seul et mélangé avec carbone et liant dans une électrode à air (Co_3O_4:C:liant 42/25/33 en % massique) dans la décomposition d'une solution d'eau oxygénée à 25°C (25 mg de poudre broyée, 40 mL $[H_2O_2] \approx 0,1M$, agitation de la solution).*

Le liant semble avoir un effet néfaste, comme escompté, sur la réactivité du catalyseur puisque la constante de vitesse est divisée par 3. En dehors de son effet protecteur le liant PVDF-HFP pourrait réduire la mouillabilité du film plastique. Il va de soi que l'activité catalytique de nos matériaux testés en électrode à air vis-à-vis de la décomposition de Li_2O_2 sera également affectée par la présence de PVdF-HFP.

2.2   Peut-on étendre cette approche à l'électrode à air ?

Notre compréhension du rôle du catalyseur dans le processus de recharge d'une batterie lithium-air non-aqueuse reste cependant très vague, freinant ainsi la recherche de nouveaux catalyseurs plus actifs. Parmi les catalyseurs étudiés de façon empirique jusqu'à présent, α-MnO_2 en forme de nano-bâtonnets a démontré les meilleures performances [24]. Afin de rationaliser cette recherche, nous avons essayé d'utiliser la décomposition catalytique de l'eau oxygénée en milieu aqueux comme méthode de prédiction rapide d'un catalyseur. Pour ce faire, l'aspect catalytique de divers oxydes par rapport à la décomposition de H_2O_2 seront étudiés et les résultats obtenus à la rechargeabilité de nos électrodes à air utilisant les même catalyseurs, cela afin d'asseoir la validité de notre approche.

2.2.1   Partie expérimentale

2.2.1.a)   Synthèses et caractérisation des matériaux

Nous avons testé l'activité catalytique de différents oxydes de métaux de transition, à base de cobalt, manganèse, nickel, fer et cuivre vis-à-vis de la décomposition d'H_2O_2 selon la méthode décrite plus tôt et employée par Larcher et coll. [25].

Les oxydes de cuivre CuO, nickel NiO et fer α-Fe_2O_3 mésoporeux furent préparés selon une voie de synthèse de type « hard-template » reportée dans la littérature [31]. L'oxyde de cobalt Co_3O_4 fut obtenu par chimie douce (précipitation en solution) selon la méthode développée par Binotto et coll. [32]. Différents polymorphes (α, β et γ) d'oxyde de manganèse MnO_2 furent également testés. Les polymorphes α et β furent synthétisés selon les références bibliographiques [33,34] alors que la forme γ réfère au dioxyde de manganèse électrolytique commercial (EMD, Tronox) dont nous avons parlé auparavant dans ce chapitre.

Les matériaux synthétisés furent caractérisés par microscopie électronique à balayage ou en transmission (MEB/MET), diffraction des rayons X (DRX) et adsorption gazeuse (méthode BET) afin de dresser « une carte d'identité » rapide de nos matériaux (taille de particules, morphologie des particules, surface spécifique BET, volume poreux spécifique, distribution poreuse du matériau et structure cristallographique). Nous reviendrons plus en détails sur les conditions expérimentales dans notre **Annexe B**.

2.2.1.b)   *Tests électrochimiques*

Afin de mieux évaluer l'activité catalytique des oxydes sélectionnés vis-à-vis de la décomposition du peroxyde de lithium, nous avons décidé de préparer nos électrodes à l'état déchargé. De ce fait, par simple oxydation de l'électrode on pourra mesurer le potentiel de décomposition de Li_2O_2[s]; le but étant de corréler nos potentiels d'oxydation électrochimique (V vs. Li^+/Li^0) aux constantes de vitesse spécifiques mesurées ($s^{-1}/g_{catalyseur}$) pour l'eau oxygénée. Pour cela nous avons inclus Li_2O_2 (Aldrich, 90%[t], particules de 500 nm) directement dans l'électrode à air en compagnie du carbone, du catalyseur et du liant. Suivant le même procédé qu'en section (1.1), des électrodes poreuses furent fabriquées en boîte à gants[u] ayant la composition massique carbone SP/Catalyseur/PVdF-HFP/Li_2O_2/CP à 10/17/13/10/50%. Le carbonate de propylène sert à la fois d'électrolyte et de plastifiant pour l'électrode. Nos batteries furent assemblées et cyclées de la même manière que décrit en section (1.2) à une température de 25 °C (maintenue à l'aide d'une étuve thermostatée), ceci afin de pouvoir comparer avec nos expériences sur H_2O_2 conduites à même température. On soulignera que l'oxydation électrochimique du peroxyde de lithium selon la réaction $Li_2O_2 \rightarrow 2Li^+ + 2e^- + O_2$ produit une capacité égale à 1050 mA h par gramme de Li_2O_2.

La préparation physique (i.e. broyage manuel de composants) de l'électrode à air dans son état déchargé permet de contourner ces problèmes associés à la décharge électrochimique d'une batterie lithium-air en milieu organique, tels:
- L'existence de réactions parasites entre le carbonate de propylène et les espèces réduites de l'oxygène produites en décharge (ions superoxides) menant à la formation de sous-produits insolubles (Li_2CO_3, alkyles carbonates de lithium) dus à l'ouverture du cycle du carbonate de propylène si bien que lors de la recharge suivante, l'oxydation de Li_2O_2 serait affectée par l'oxydation de ces sous-produits, ce que nous ne souhaitions pas [35].
- La réactivité chimique des catalyseurs nanométriques vis-à-vis de l'électrolyte (dissolution).
- La réactivité électrochimique du catalyseur vis-à-vis du lithium présent en solution car certains catalyseurs sélectionnés sont des composés d'insertion pouvant intercaler des ions lithium dans leur structure (e.g. MnO_2). Ainsi l'oxyde réduit (e.g. Li_xMnO_2) [36,37] pourrait

---

[s] La valeur du potentiel moyen d'oxydation est déterminée en divisant l'aire sous la courbe (i.e. l'énergie libre ΔG) par la capacité de charge.

[t] Les 10% d'impuretés comprennent majoritairement LiOH et Li_2CO_3.

[u] Li_2O_2 se décompose à l'air en carbonates et hydroxydes de lithium d'où sa conservation en boîte sèche.

avoir des propriétés catalytiques vis-à-vis de la décomposition d'un peroxyde différentes de celui de départ et par la même fausser notre étude.

2.2.2 Résultats et discussion

L'activité catalytique de Co_3O_4, CuO, α-Fe_2O_3, NiO, α-MnO_2, EMD (γ-MnO_2) et β-MnO_2 vis-à-vis de la décomposition d'H_2O_2 a été testée à 25 °C en mesurant le volume d'oxygène dégagé en fonction du temps. Les constantes de vitesse (s^{-1}) ont été déterminées pour chacun des catalyseurs à partir de la régression linéaire du ln ($V_0/(V_0-V_t)$) en fonction du temps. Ainsi, la diminution de la pente de la droite représente une baisse de la constante de vitesse k_T et donc de l'activité catalytique du matériau vis-à-vis de la décomposition de H_2O_2 (**figure 16 (b)**).

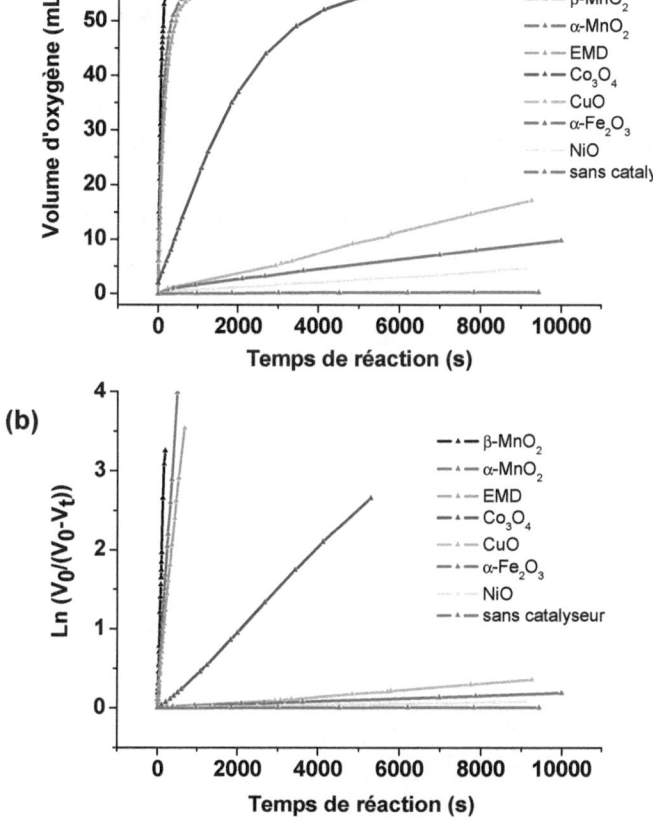

Figure 16.
A) Evolution du volume d'oxygène en fonction du temps de réaction de décomposition d'H_2O_2. (25°C, 25 mg de poudre broyée à la main, 40 mL [H_2O_2] ≈ 0,1M, agitation de la solution), B) Evolution du ln ($V_0/(V_0-V_t)$) en fonction du temps (25°C, 25 mg de poudre broyée à la main, 40 mL [H_2O_2] ≈ 0,1M, agitation de la solution).

La **table 7** résume les surfaces spécifiques BET de chaque matériau ainsi que leurs constantes de vitesse (s^{-1} et $s^{-1}/g_{catalyseur}$). Ces résultats révèlent une activité catalytique supérieure pour les oxydes de manganèse. Parmi les oxydes de Mn étudiés, on notera une influence des structures cristallographiques (α, β, γ) et surfaces spécifiques (β-MnO$_2$ (127 m²/g) > α-MnO$_2$ (22 m²/g) > γ-MnO$_2$ (25 m²/g)) sur la constante de vitesse k.

Catalyseur	Surface spécifique BET $(m^2.g^{-1})$	Constante de vitesse k (s^{-1})	Constante de vitesse spécifique k' $(s^{-1}.g^{-1})$
β-MnO$_2$	127	$1,9\ 10^{-2}$	0,760
α-MnO$_2$	22	$8,1\ 10^{-3}$	0,324
EMD MnO$_2$	25	$5,4\ 10^{-3}$	0,215
Co$_3$O$_4$	230	$5,1\ 10^{-4}$	0,020
CuO	146	$3,8\ 10^{-5}$	0,0015
α-Fe$_2$O$_3$	139	$1,8\ 10^{-5}$	$7,2\ 10^{-4}$
NiO	94	$8,7\ 10^{-6}$	$3,5\ 10^{-4}$

Table 7. *Surfaces spécifiques BET, constantes de vitesse $k_{25°C}$ (s^{-1}) et constantes de vitesse spécifiques $k'_{25°C}$ ($s^{-1}.g^{-1}$) pour la réaction de décomposition d'H$_2$O$_2$ en fonction du catalyseur (25 mg de catalyseur broyés, 40 mL [H$_2$O$_2$] ≈ 0,1M sous agitation).*

Les matériaux listés en **table 7** furent ensuite testés en électrodes à air construites à l'état déchargé afin de mesurer les potentiels d'oxydation électrochimique du peroxyde de lithium en fonction du type de catalyseur (**figure 17**). Une électrode sans catalyseur ayant la composition massique (carbone SP/PVdF-HFP/Li$_2$O$_2$/CP 13/17/11/59%) fut également préparée en parallèle afin de pouvoir mesurer le potentiel d'oxydation de Li$_2$O$_2$ sur carbone Super P.

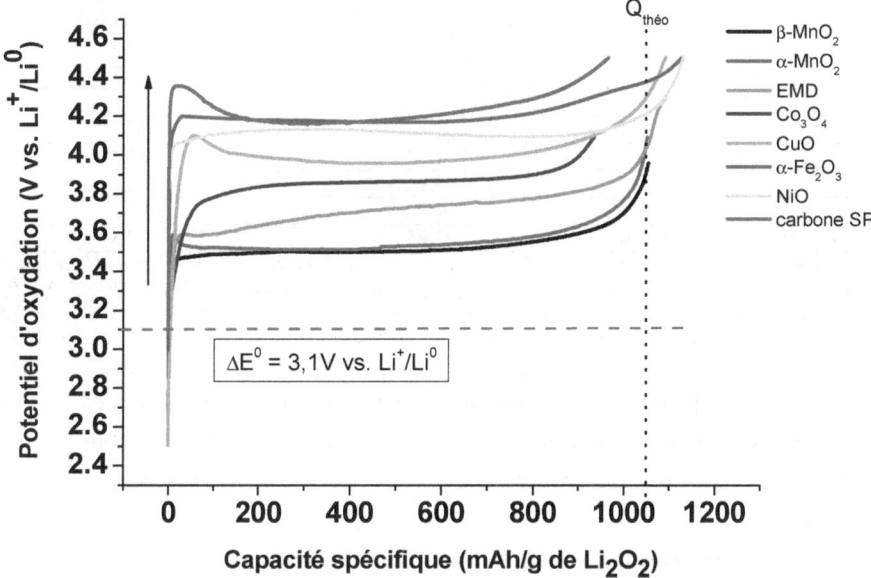

Figure 17. *Première charge galvanostatique (i.e. décomposition de Li₂O₂ par oxydation électrochimique) de batteries lithium-air non-aqueuses. T= 25°C, i= 70 mA/g$_{carbone}$, électrolyte : 1M LiPF₆/CP, P$_{O2}$= 1 atm. Composition de l'électrode <u>avec catalyseur</u>: Carbone SP/Catalyseur/PVdF-HFP/Li₂O₂/CP à 10/17/13/10/50% et <u>sans</u>: Carbone SP/PVdF-HFP/Li₂O₂/CP 13/17/11/59%. ΔE⁰ ≈ 3,1V vs. Li⁺/Li⁰ est le potentiel thermodynamique correspondant à la réaction 2 Li + O₂ ⇆ Li₂O₂ assumant un ΔG⁰$_f$(Li₂O₂) égal à -606,7 kJ/mol. Q$_{théo.}$ capacité théorique de Li₂O₂ (90% égale à 1050 mAh/g).*

On observe que les 3 oxydes de manganèse possèdent les potentiels les plus bas (≈3,5 V vs. Li⁺/Li⁰), ce qui suggère une plus faible polarisation de l'électrode en charge et donc un meilleur rendement énergétique pour la batterie. En contraste, les oxydes de fer et de nickel présentent une faible activité catalytique vis-à-vis de l'oxydation de Li₂O₂ puisque les potentiels atteignent des valeurs relativement élevées et quasi-équivalentes à celle d'une électrode de carbone sans catalyseur (**table 8**) (≈4,2 V vs. Li⁺/Li⁰).

Catalyseur	Potentiel d'oxydation de Li$_2$O$_2$ ($\Delta E_{mesuré}$, V vs. Li$^+$/Li^0)	Polarisation de l'électrode à air (η en Volts)
β-MnO$_2$	3,50	0,40
α-MnO$_2$	3,57	0,47
EMD MnO$_2$	3,7	0,6
Co$_3$O$_4$	3,85	0,75
CuO	4,02	0,92
α-Fe$_2$O$_3$	4,22	1,12
NiO	4,13	1,03
Électrode sans catalyseur	4,25	1,15

Table 8. *Potentiel de charge et polarisation de l'électrode à air en fonction du type de catalyseur utilisé. Composition de l'électrode <u>avec catalyseur</u> : Carbone SP/Catalyseur/PVdF-HFP/Li$_2$O$_2$/CP à 10/17/13/10/50% et <u>sans</u> : Carbone SP/PVdF-HFP/Li$_2$O$_2$/CP 13/17/11/59%. T= 25°C, i= 70 mA/g$_{carbone}$, électrolyte : 1M LiPF$_6$/CP, P= 1 atm d'oxygène sec.*

Si on compare ces résultats avec ceux obtenus précédemment par la méthode de l'eau oxygénée, on note une corrélation entre les deux réactions puisque l'ordre dans l'activité catalytique de nos matériaux est le même à l'exception des deux seuls oxydes de nickel et de fer :

Décomposition de H$_2$O$_2$ (constante de vitesse k)

β-MnO$_2$> α-MnO$_2$> EMD MnO$_2$> Co$_3$O$_4$> CuO> α-Fe$_2$O$_3$> NiO

Décomposition de Li$_2$O$_2$ (polarisation de l'électrode à air η>0)

β-MnO$_2$> α-MnO$_2$> EMD MnO$_2$> Co$_3$O$_4$> CuO> NiO>α-Fe$_2$O$_3$

Ainsi la réaction de décomposition de H$_2$O$_2$ apparaît comme un moyen rapide et fiable de prédiction de l'activité catalytique d'un matériau susceptible de promouvoir également la décomposition d'un peroxyde de lithium. De plus, nous notons que le logarithme de la constante de vitesse (Ln k_T) est inversement proportionnel (**figure 18**) au potentiel d'oxydation de Li$_2$O$_2$ ($\Delta E_{mesuré}$). Cette linéarité, à priori non évidente, demande une tentative d'explication. Supposons pour cela que le potentiel d'oxydation réponde à l'équation suivante:

$$\Delta E_{mesuré} = \Delta E_{surtension} + \Delta E^{\neq} \qquad avec\ \Delta E^{\neq}> \Delta E^0> 0 \quad (4)$$

Où ΔE^0 est le potentiel thermodynamique (potentiel d'équilibre), $\Delta E_{surtension}$ le potentiel de surtension nécessaire à la conduite des réactions électrochimiques via le transport de matière électroactive et le transfert de charge au régime de courant imposé et $\Delta E^{\neq}$ le potentiel d'activation lié à la réaction catalytique de décomposition de Li$_2$O$_2$. Les différentes valeurs de $\Delta E_{mesuré}$ obtenues en cellules Li/O$_2$ reflètent par conséquent l'activité catalytique de chaque composé.

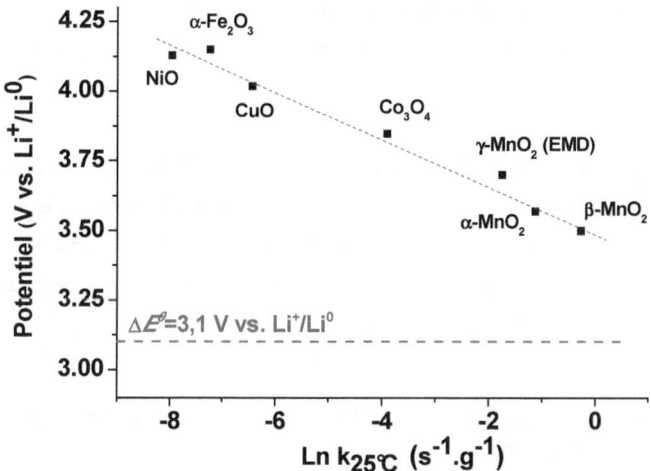

Figure 18. *Variation de la constante de vitesse (ln $k_{25°C}$) en fonction du potentiel de décomposition $\Delta E_{mesuré}$ de Li$_2$O$_2$ en batteries lithium-air anhydres.*

Le potentiel d'activation $\Delta E^{\neq}$ est directement proportionnel à l'excès d'enthalpie libre ($\Delta G^{\neq} = nF\Delta E^{\neq} > 0$) que nous devons fournir au système pour que l'état de transition soit atteint et que la réaction électrochimique puisse procéder (**figure 19**).

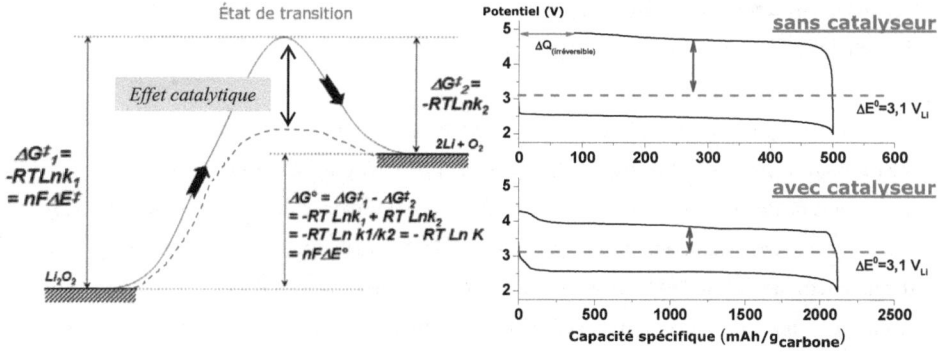

Figure 19. *Diagramme énergétique de la réaction de décomposition Li$_2$O$_2$ → 2Li + O$_2$. Relation entre la constante de vitesse k, l'énergie libre d'activation $\Delta G^{\neq}$ et la variation d'énergie libre du système ΔG^0. Cycle galvanostatique d'une électrode à air avec et sans catalyseur (i= 70 mA/g$_{carbone}$).*

Il est ainsi évident d'observer une corrélation entre le potentiel d'oxydation du peroxyde de lithium Li_2O_2 et la constante de vitesse pour la décomposition du peroxyde d'hydrogène H_2O_2 ($\Delta G^{\neq}$ = -RT Ln $k_{25°C}$ = nF$\Delta E^{\neq}$). Par analogie à la réaction avec l'eau oxygénée, nous supposons donc que le processus de charge d'une batterie lithium-air non-aqueuse est gouverné par à la fois la cinétique et la thermodynamique de la réaction entre le catalyseur et Li_2O_2.

A ce stade on rappellera qu'un mécanisme de type redox [28] impliquant le couple Mn^{3+}/Mn^{4+} a été reporté dans la littérature pour la décomposition catalytique de l'eau oxygénée par MnO_2. Sans rentrer dans les détails du mécanisme faisant intervenir des espèces radicalaires de type $HO_2^{\cdot}$ et $HO^{\cdot}$, ceci suggère d'une manière générale que les propriétés redox jouent un rôle prédominant sur l'activité catalytique du matériau.

2.3 Effet de la surface spécifique BET sur les performances du catalyseur α-MnO₂

La méthode de l'eau oxygénée nous a permis de mettre en évidence les propriétés catalytiques supérieures de l'oxyde de manganèse, ces dernières se confirmèrent par une faible polarisation de l'électrode à air ($\approx$ 0,4 V) lors de l'oxydation électrochimique de peroxyde de lithium en présence de ce même oxyde (polymorphes α et β). Tout en conservant la même phase α-MnO_2, nous avons tenté de modifier la voie de synthèse initiale par traitement hydrothermal afin d'augmenter la surface spécifique du matériau et ainsi d'améliorer ses performances électrochimiques.

Le dioxyde de manganèse α-MnO_2 possède une structure à larges tunnels, liée à la formation de chaînes d'octaèdres MnO_6 le long de l'axe c (**figure 20**). Ces chaînes définissent des tunnels de dimensions égales à [2x2] stabilisés par la présence de cations ou de molécules d'eau intercalées signifiant que cette phase n'est jamais un dioxyde de manganèse stœchiométrique [37,38,39]. Les composés de formule générale $A_{2-x}Mn_8O_{16}$ correspondent, selon la nature du cation A placé dans les tunnels, aux phases Hollandite (Ba^{2+}), Cryptomélane (K^+), Coronadite (Pb^{2+}) ou encore Manjiroite (Mg^{2+}), qui cristallisent le plus souvent dans les systèmes monocliniques (groupe d'espace I2/m, paramètres de maille: a= 9,9 Å, b= 2,9 Å, c= 9,7 Å et γ= 91° [40]) ou quadratiques (groupe d'espace I4/m, paramètres de maille: a= 9,784 Å et c=2,863 Å [**41**]). Les paramètres de maille dépendent du taux et de la nature de l'espèce intercalée.

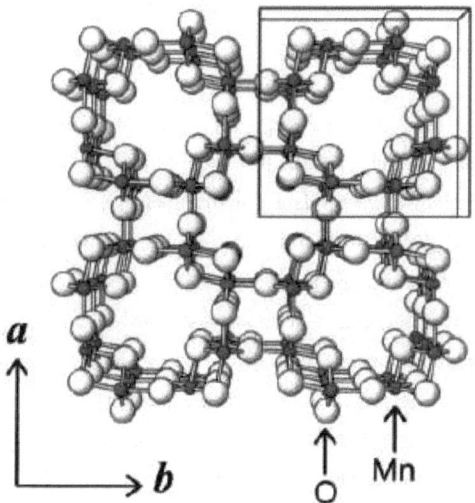

Figure 20. *Représentation selon l'axe c de la structure cristallographique de α-MnO₂ de type Hollandite (groupe d'espace I4/m). Le carré symbolise l'unité formulaire* [**36**].

L'oxyde de manganèse alpha testé par la méthode de l'eau oxygénée (section 2.1) et vis-à-vis de l'oxydation électrochimique de Li₂O₂ (section 2.2) fut donc initialement préparé par voie hydrothermale [**33,41**]. Typiquement, les précurseurs MnSO₄.H₂O et KMnO₄, dissous séparément dans l'eau, sont transférés dans une bombe servant de milieu réactionnel et dont la température est portée à 150°C pendant 24h. Des cristaux de Cryptomélane se forment selon la réaction chimique:

$$3MnSO_4.H_2O + 2KMnO_4 \rightarrow 5MnO_2 + K_2SO_4 + 2H_2SO_4 + H_2O \ (\Delta G^0 = \text{-269,2 kJ/mol})$$

Sur la base de la même réaction chimique, Jiang et coll. [**42**] ont reporté une voie de synthèse par précipitation en solution à température ambiante en présence d'un surfactant P123 (Pluronic). Ainsi, en contrôlant les étapes de nucléation et de croissance des cristaux de α-MnO₂ en variant la quantité de P123 ajoutée initialement dans la solution des précurseurs chimiques, les auteurs ont réussi à obtenir des nano-aiguilles de plus petite taille et de plus grande surface spécifique. Nous avons donc dupliqué la synthèse précédemment rapportée en faisant varier la masse initiale de surfactant afin d'obtenir des poudres de α-MnO₂ de surfaces spécifiques BET différentes dans le but de confirmer la relation surface - propriétés catalytiques. Nous rapportons ci-dessous le détail de nos synthèses.

Synthèse #1 :

Deux solutions comportant séparément **0,2 g** de P123 dissous dans 10 mL d'éthanol à température ambiante pendant 12 h et 0,7 g de $MnSO_4.H_2O$ dissous dans 10 mL d'eau distillée à température ambiante pendant 1 h sont mélangées et maintenues sous agitation à température ambiante pendant 48 h afin d'obtenir une solution parfaitement limpide. Par la suite 0,8 g de $KMnO_4$ dissous au préalable dans 20 mL d'eau distillée à température ambiante (1 h) sont ajoutés goutte à goutte à la solution $P123/Mn^{2+}$ afin de provoquer la formation immédiate d'un précipité marron. La solution est ainsi laissée sous agitation à température ambiante pendant 24 h. Le précipité est récupéré par centrifugation de la solution et lavé plusieurs fois dans l'eau et l'éthanol afin d'éliminer le surfactant et les impuretés (K_2SO_4, H_2SO_4). Enfin, le précipité est séché sous vide à 80°C pendant 24 h.

Synthèse #2 :

Nous avons utilisé des conditions identiques à la synthèse #1 à la seule différence que nous avons augmenté la concentration initiale en surfactant P123 (m=**0,8g**).

Les diagrammes de diffraction des rayons X ainsi que les clichés de microscopie électronique en transmission (MET) des poudres obtenues par ces deux synthèses sont comparés à celle de la synthèse hydrothermale sur les **figures 21** et **22**, respectivement. La diminution de la taille des cristallites dans la série α-MnO_2 hydrothermal (1-5 μm) > α-MnO_2 synthèse #1 (0,5-2 μm) > α-MnO_2 synthèse #2 (10-30 nm), observable depuis les images MET, a pour conséquences d'élargir les pics de diffraction. Cependant, dans le cas du α-MnO_2 synthèse #2, seul le pic de diffraction le plus intense situé à 37 °2θ est visible. Les mesures BET (**table 9**) démontrent que la modification de la voie de synthèse de nano-cristaux de α-MnO_2 nous a permis d'accroître la surface spécifique de notre catalyseur (S_{BET} > 300 m^2/g).

En possession de nos 3 oxydes de manganèse alpha, nous avons pu tester leurs propriétés catalytiques en batteries lithium-air selon le protocole de mise en forme décrit en section 1.1 (**figure 23**).

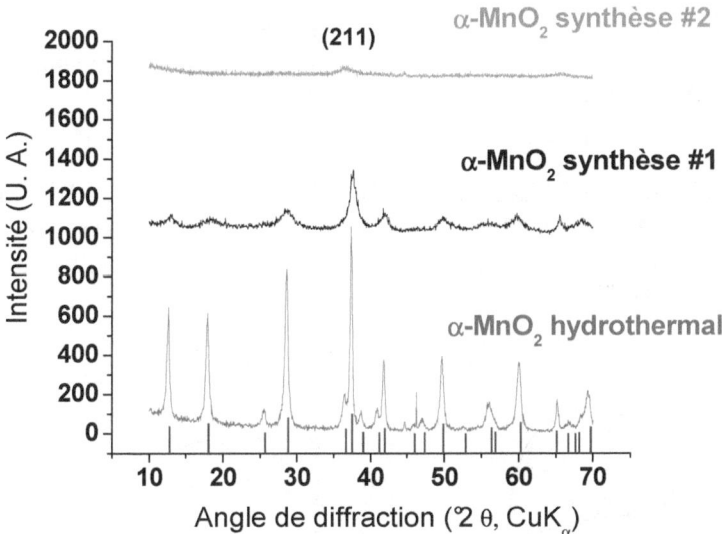

Figure 21. *Diagrammes de diffraction de rayons X des composés α-MnO₂ obtenus par différentes voies de synthèse (référence α-MnO₂ carte JCPDS #00-044-0141).*

Figure 22. *Clichés de microscopie électronique en transmission réalisés sur nos poudres de α-MnO₂ obtenues par différentes voies de synthèse et surfaces spécifiques BET respectives.*

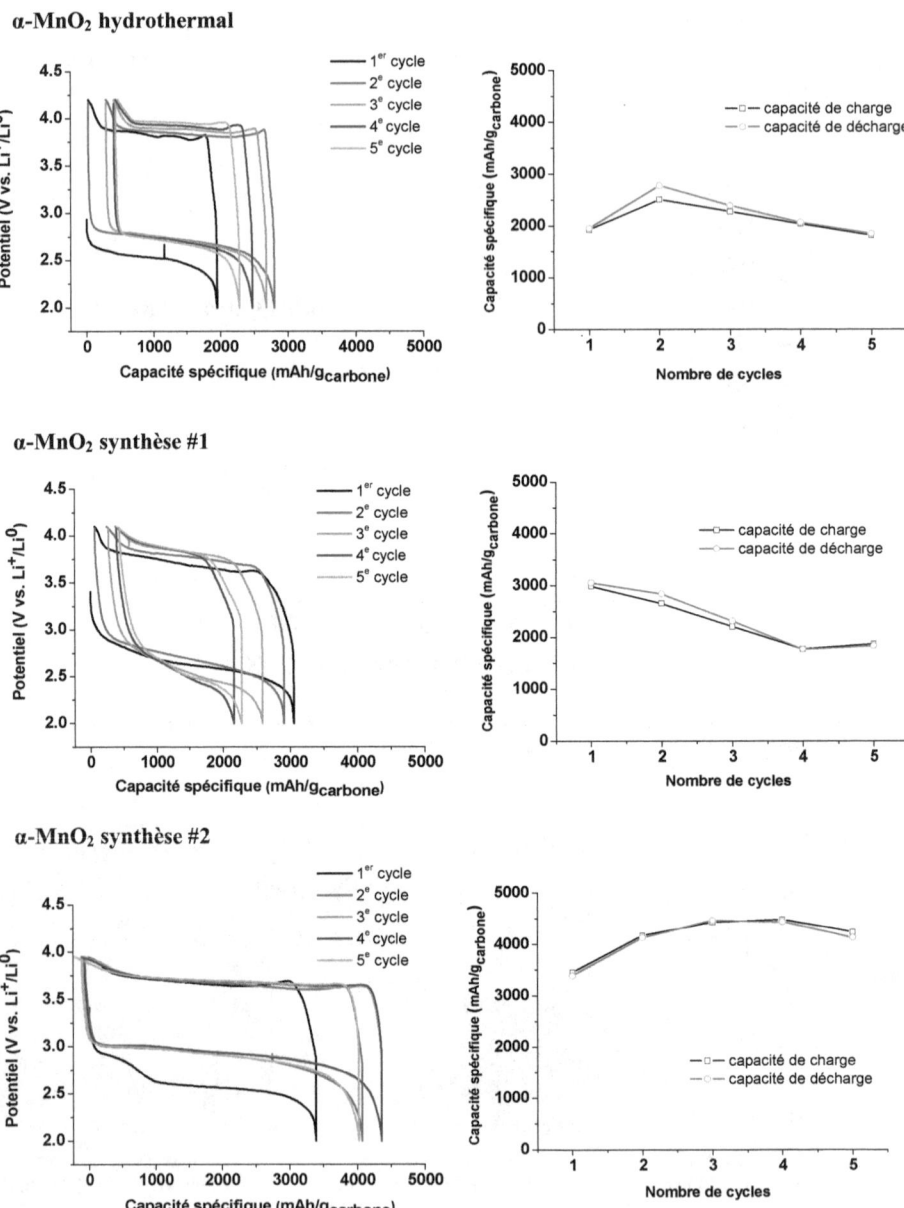

Figure 23. *Courbes de cyclage galvanostatique d'électrodes à air contenant l'oxyde de manganèse α-MnO₂ comme catalyseur (carbone SP:catalyseur:liant 25/42/33% massique, 25°C, 1M LiPF₆/CP, i= 70 mA/g_carbone, 1 atm O₂ sec, bornes de cyclage: 2<E<[3,9-4,2]).*

catalyseur	Surface BET (m²/g)	Capacité de 1ère décharge (mAh/g$_{carbone}$)	Potentiel de décharge (50% SOD^v) ($\Delta E_{mesuré}$, V vs. Li$^+$/Li^0)		Potentiel de charge (50% SOC^w) ($\Delta E_{mesuré}$, V vs. Li$^+$/Li^0)	
			1er cycle	5^è cycle	1er cycle	5^è cycle
α-MnO₂ hydrothermal	22	1950	2,53	2,68	3,82	3,96
α-MnO₂ synthèse #1	182	3050	2,62	2,52	3,70	3,88
α-MnO₂ synthèse #2	379	3390	2,57	2,91	3,67	3,70

Table 9. *Surfaces spécifiques BET, capacités de 1ère décharge, potentiels de décharge et potentiels de charge d'électrodes à air en fonction du catalyseur α-MnO₂ (conditions **fig. 23**).*

Contrairement aux échantillons « hydrothermal » et « synthèse #1 », la courbe électrochimique de l'électrode contenant l'échantillon « synthèse #2 » présente un premier plateau vers ≈2,9 V vs. Li$^+$/Li^0 (1ère décharge) pouvant correspondre au potentiel de réduction électrochimique du catalyseur (i.e. par intercalation électrochimique de cations Li$^+$) [36,37]. En effet la diminution de la taille des particules de l'oxyde à l'échelle nanométrique permet une diffusion des ions lithium et une percolation électronique dans le matériau plus efficace, conduisant à un taux d'insertion plus important.

La tension délivrée par la batterie augmente entre le 1er et le 2ème cycle si bien que l'électrode contenant le catalyseur issu de la « synthèse #2 » ne présente plus qu'un seul plateau d'une valeur de tension remarquablement élevée (≈ 3 V). Une telle valeur si proche du potentiel théorique de réduction d'O₂ en peroxyde de lithium (i.e. 3,1 V) souligne le rôle bénéfique du catalyseur nanométrique sur les cinétiques d'une telle réaction électrochimique.

Il est également à noter que la polarisation lors de la charge de l'électrode au cours du cyclage des électrodes devient plus importante à l'exception de l'échantillon « synthèse #2 » pour lequel l'électrode conserve un potentiel d'oxydation constant avec le nombre de cycle (i.e. ≈3,7 V). L'augmentation de la polarisation dans le cas des électrodes contenant les catalyseurs « hydrothermal » et « synthèse #1 » peut être associée à l'existence de réactions de dégradation de l'électrolyte ou de l'électrode.

Par ailleurs, notons que l'augmentation de la surface spécifique du catalyseur devrait sans doute accroître les phénomènes liés à sa dissolution dans l'électrolyte organique.

L'électrode à air contenant α-MnO₂ synthèse #2 montre une parfaite cyclabilité sur les 5 premiers cycles de vie de la batterie avec 100% de rendement Coulombique^x et 78% de

---

^{v} SOD : State Of Discharge (profondeur de décharge d'une cellule électrochimique).
^{w} SOC : State Of Charge (profondeur de charge d'une cellule électrochimique).

rendement énergétique au 5ème cycle (67% pour l'électrode carbone/γ-MnO₂ EMD commercial après 5 cycles), mettant ainsi en évidence l'effet positif attendu de l'augmentation de la surface spécifique du catalyseur.

Pour mieux comprendre les variations de potentiel entre la première et seconde décharge nous comparons, sur la **figure 24**, le premier demi-cycle galvanostatique de charge d'une électrode à air ayant d'abord subi une décharge à celui d'une électrode construite à l'état déchargé avec Li₂O₂ (mise en forme, section 2.2.1b). Nous observons une différence d'environ 0,3 V entre les plateaux de charge de l'électrode directement chargée et chargée après une étape de réduction. Ce résultat est d'une importance capitale puisqu'il confirme soit l'existence d'un phénomène parasite à l'électrode lorsque celle-ci subit d'abord une réaction de décharge soit un mécanisme électrochimique de charge différent.

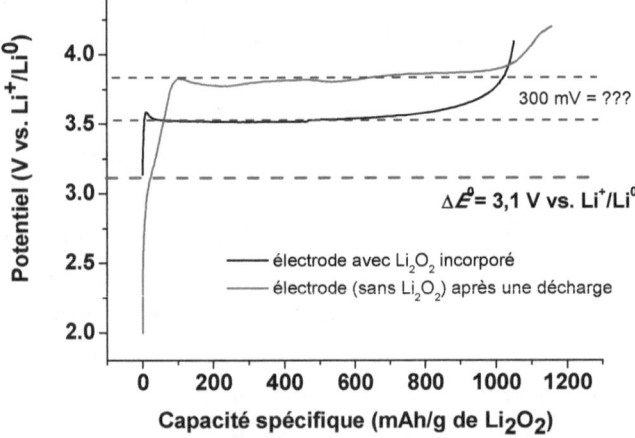

Figure 24. *Comparaison du premier demi-cycle de charge d'une électrode à air en présence de catalyseur α-MnO₂ hydrothermal (70 mA/g_{carbone}, 25°C, 1 atm de O₂ sec, compositions massiques: Carbone SP/α-MnO₂ hydrothermal/PVdF-HFP/**Li₂O₂**/CP 10/17/13/10/50% et Carbone SP/α-MnO₂ hydrothermal/PVdF-HFP/CP 11/19/15/55% déchargée à 2V vs. Li⁺/Li⁰).*

Pour mieux comparer ces courbes nous avons normalisé la capacité par gramme de Li₂O₂ et obtenu une valeur très proche de la capacité théorique correspondant au processus électrochimique : Li₂O₂ → 2 Li + O₂ (Q=1165 mAh/g de Li₂O₂) dans le cas de l'électrode au préalable électrochimiquement déchargée ainsi que celle directement chargée. Ces résultats

---

ˣ Rapport de la capacité restituée par la batterie complètement chargée sur la capacité de décharge.

semblent donc supporter le processus réversible de formation/décomposition de Li_2O_2 au cours du cyclage de l'électrode, bien que nous connaissions la possibilité de dégradation du carbonate de propylène par attaque nucléophile des espèces $O_2{}^{\cdot-}$ créées lors de la réduction électrochimique de l'électrode Li-air.

2.4 Conclusions

De ces études, il en résulte que notre méthode de test de nouveaux catalyseurs pour électrodes lithium-air, basée sur la réduction de décomposition de H_2O_2, bien qu'indirecte, s'est avérée relativement fiable dans la prédiction de la rechargeabilité de nos électrodes en fonction du type de catalyseur. Les excellentes propriétés catalytiques des oxydes de manganèse α et β vis-à-vis de la décomposition d'une solution d'eau oxygénée se confirmèrent par une faible polarisation de nos électrodes au cours de la réaction d'oxydation de Li_2O_2. Une relation quantitative et ainsi prédictive fut trouvée entre les deux processus, mettant en parallèle le logarithme de la constante de vitesse Ln k_T (H_2O_2) et le potentiel d'oxydation $\Delta E_{mesuré}$ (Li_2O_2), ce dernier est fonction du potentiel d'activation $\Delta E^{\neq}$ (**équation 4**) de la réaction et dépend donc du type de catalyseur.

La modification de la voie de synthèse de l'oxyde de manganèse alpha a permis d'améliorer les performances de l'électrode à air en réduisant la polarisation et en augmentant la capacité gravimétrique. La réduction de la taille de particules du catalyseur s'est avérée bénéfique pour sa dispersion dans l'électrode pourvu que les conditions de préparation soient optimisées (choix du solvant, du liant, broyage) laissant ainsi présager la possibilité de réaliser des électrodes à air dont la teneur en catalyseur est moindre et la capacité plus grande.

L'existence de réactions parasites prenant place au cours de la décharge semble avoir été confirmée (**figure 24**), cependant l'origine reste à déterminer. Parmi les causes nous citerons en tout premier lieu la dégradation de l'électrolyte et donc du carbonate de propylène ce qui nous conduira par la suite à tester d'autres électrolytes. Une autre possibilité pourrait être liée à une dissolution partielle de nos catalyseurs (e.g. Co_3O_4 et MnO_2) dans l'électrolyte lors du cyclage, et ce d'autant plus qu'ils sont divisés. Nous reviendrons en détails sur ces phénomènes au chapitre suivant où nous étudierons les différents mécanismes réactionnels associés au cyclage d'une électrode à air en milieu non aqueux.

3 Rôle de la structuration et de la texturation de l'électrode à air

Pour assurer un bon fonctionnement l'électrode à air doit répondre à plusieurs fonctions dont (1) le transport par diffusion de l'oxygène dissous vers l'interface carbone-électrolyte, site de la réaction électrochimique, (2) la formation et le stockage des produits de la réaction de réduction de l'oxygène en milieu aprotique et (3) leur décomposition électrochimique lors de la recharge de la batterie. Nous avons vu auparavant (section 1.3.2) que les cinétiques liées à la diffusion du transport de matière active (l'oxygène) limitaient la capacité de stockage avec, notamment, un blocage rapide de la surface de l'électrode par le produit de réduction insoluble (Li_2O_2) à régimes trop élevés. De plus, des études par microscopie électronique à balayage ont montré que la décharge d'une batterie Li/O_2 anhydre prenait fin lorsque les pores de l'électrode à air étaient remplis par le produit de réaction [43,44,2]. De ces observations il en résulte que le volume poreux accessible de l'électrode, la distribution de taille de pores ainsi que leur forme, la distribution homogène du catalyseur, la taille et forme des particules et la conductivité électronique de l'électrode sont les paramètres fondamentaux gouvernant les performances électrochimiques de l'électrode Li-air. Dans ce qui suit nous présentons nos résultats concernant l'étude de l'effet i) de la porosité de différents carbones et ii) de l'interface carbone/catalyseur par la préparation d'oxydes de manganèse chargés en carbone sur le fonctionnement de l'électrode Li-air.

3.1 Généralités sur les différents types de carbone

Ci-dessous nous décrivons les caractéristiques spécifiques des différents carbones que nous avons utilisés (**table 10**).

Carbones microporeux ou charbons actifs (d_{pores} < 2 nm) : Norit et Picactif [45,46]

Ils sont préparés par une synthèse en deux étapes consistant en 1) la pyrolyse à 800°C de précurseurs organiques naturels riches en carbone (bois, coques de noix de coco, écorces, brindilles, tourbe, feuilles, etc.) et 2) l'activation du volume poreux. Le processus de pyrolyse correspond à une rupture des liaisons oxygénées et à une réorganisation des atomes de carbone qui conserve la nanostructure. L'étape d'activation peut être réalisée de deux manières différentes: l'activation physique par combustion avec choc thermique (900-1000°C) effectuée dans un courant d'air et de vapeur d'eau, donnant un charbon à pores étroits, ou l'activation chimique par de l'acide phosphorique entre 400°C et 500°C donnant un charbon à pores plus larges. La surface développée par le charbon actif est élevée (entre 500 et 2500 m²/g) et le volume poreux cumulé va de 0,2 à 0,7 cm³/g.

<u>Carbones mésoporeux (2 nm < d_{pores} < 50 nm)/macroporeux (50 nm < d_{pores} < 1 μm) :</u>
Carbone méso150 [47]

Ces carbones sont préparés par « réplication négative » d'une matrice de silice mésoporeuse se déroulant en plusieurs étapes : 1) synthèse de la silice mésoporeuse (emploi de surfactants ou copolymères à blocs), 2) remplissage du volume poreux par un précurseur carboné (sucrose, etc.), 3) carbonisation du matériau C/Silice ($\approx$ 900°C sous vide) et 4) lavage de la silice afin d'obtenir la réplique à base de carbone. Ayant une taille de pores d'environ 4 à 30 nm, ces carbones « nanostructurés » possèdent une très large surface spécifique (500-2000 m²/g) et un volume poreux allant de 1,5 à 2,5 cm³/g. De plus, ces carbones mésoporeux préparés par structuration présentent une mésoporosité organisée et une distribution de la taille des pores très étroite qui peut être contrôlée.

<u>Noirs de carbone :</u> Carbone Super P Li et Ketjen Black EC600

Le noir de carbone est un matériau carboné colloïdal fabriqué industriellement par combustion incomplète de produits pétroliers lourds (goudron, goudron de houille, goudron de craquage d'éthylène et une petite quantité d'huile végétale). Il se présente sous forme de sphères de carbone et d'agrégats de ces sphères et dont les dimensions sont généralement de 10 à 1000 nm. La surface spécifique de ces carbones peut donc évoluer de quelques dizaines de m²/g à plusieurs centaines. La porosité primaire est d'abord de type interparticulaire, elle est toujours très variable (distribution de la taille des pores très large, i.e. 2 nm < d_{pores} < 150 nm) du fait de la diversité de forme et de taille des particules.

Carbone	Type	Taille de pores (nm)	Distribution poreuse	Surface spécifique BET (m²/g)	Volume poreux (cm³/g)
Norit, Picactif	Microporeux	< 2	Etroite	500-2500	0,2-0,7
Carbone méso150	Mésoporeux	2-50	Etroite	500-2000	1,5-2,5
	Macroporeux	50-1000	Etroite	900	1
Carbone Super P Li, Ketjen Black EC600	-	10-1000	Large	30-1500	0,2-2,5

Table 10. *Paramètres texturaux de différents types de carbone étudiés dans ce manuscrit.*

3.2 Propriétés texturales de différents carbones utilisés en électrode pour batteries Li/O$_2$ anhydres

3.2.1 Matériaux

Les 5 carbones, dont les méthodes de fabrication ont été décrites ci-dessus, ont été utilisés pour l'élaboration d'électrodes Li-air qui ont ensuite été testées pour leurs performances électrochimiques. Chaque carbone fut dégazé sous vide primaire à 120°C pendant 24 h afin d'éviter toute présence d'humidité dans les pores du matériau, puis directement transféré en boîte à gants où les électrodes furent fabriquées. Quatre d'entre eux sont des produits commerciaux : Picactif, Norit, Super P Li et Ketjenblack EC600. Le cinquième est un carbone mésoporeux (carbone méso150) préparé au laboratoire [47]. Ce choix nous a permis de définir différentes familles en fonction des propriétés texturales que nous avons évaluées par la méthode d'adsorption gazeuse (azote).

3.2.2 Mesures d'adsorption gazeuse et évaluation de la porosité des carbones

La méthode de Barrett, Joyner et Halenda [48] a été utilisée pour déterminer le volume poreux spécifique et la distribution de taille de pores des différents carbones. Cette dernière évalue la quantité d'azote désorbée à 77 K d'une certaine gamme de pores à différents intervalles de pression relative. Réservée aux matériaux micro-mésoporeux, la méthode BJH établit un lien entre des données thermodynamiques (volume, pression, etc.) obtenues à partir d'un diagramme de physisorption d'azote (adsorption/désorption) et des données géométriques (diamètre, distribution, etc.) mettant ainsi en évidence les propriétés texturales intrinsèques du matériau.

Norit

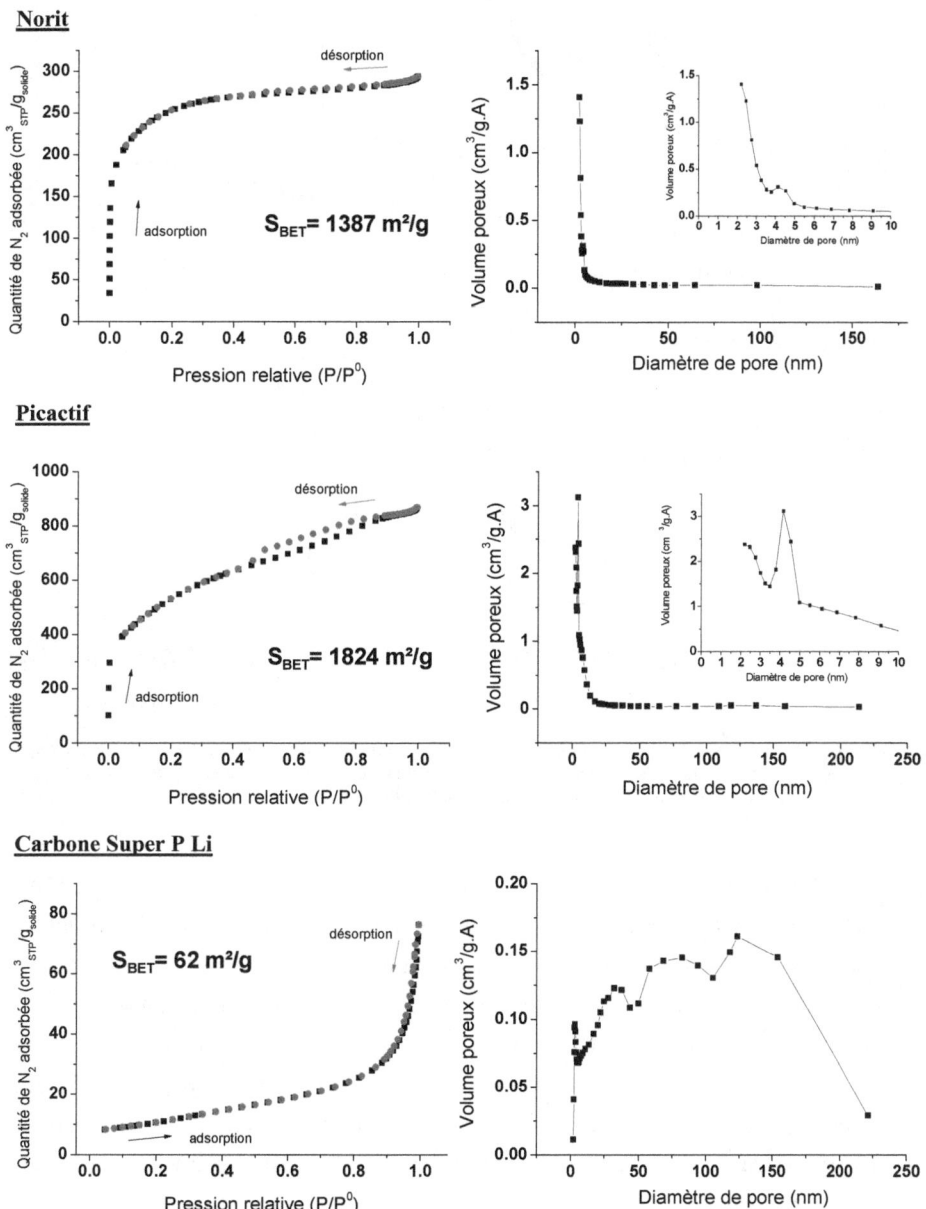

Picactif

Carbone Super P Li

Carbone méso150

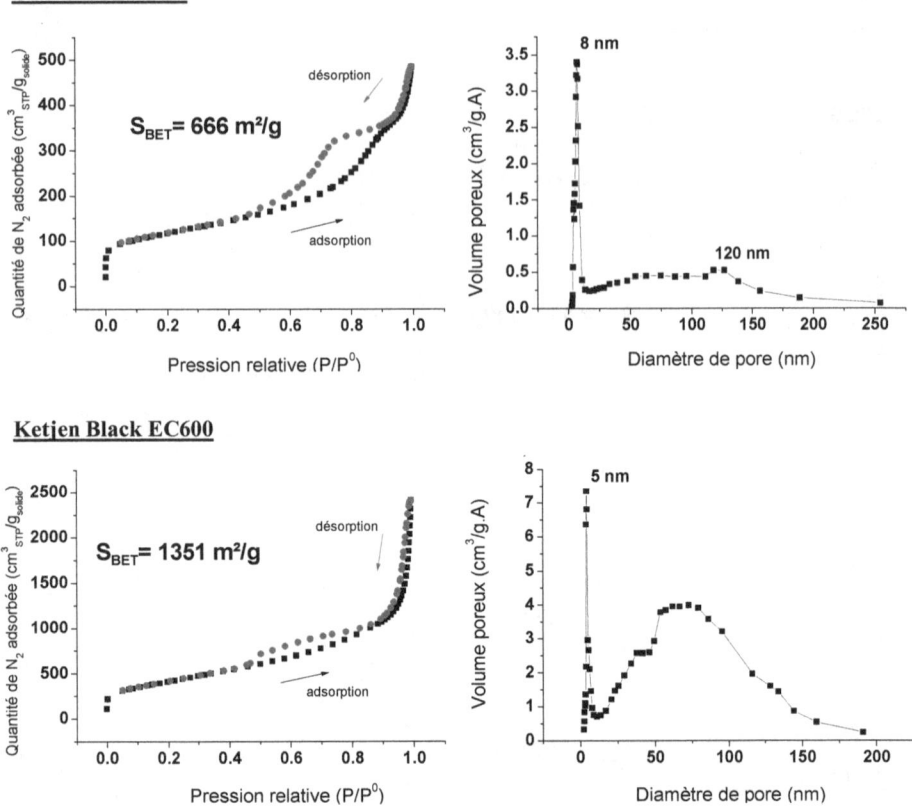

Ketjen Black EC600

Figure 25. Isothermes d'adsorption/désorption de l'azote liquide à 77 K, valeurs de surfaces spécifiques calculées selon le modèle BET et diagrammes de répartition poreuse basés sur l'analyse de la branche de désorption de l'isotherme par la méthode BHJ pour chacun des carbones (100 mg de solide, dégazage 20μmHg, 120°C, 2h).

Les mesures ont été effectuées à l'aide d'un analyseur de type Micromeritics ASAP 2020 employant 100 mg de poudres préalablement dégazées à pression réduite (20 μm de mercure, ≈2,6 10^{-5} bar, T= 120 °C, 2 h) puis soumis à la physisorption de l'azote liquide à 77 K. La différence de volume libre entre le tube témoin et celui contenant l'échantillon est évaluée par l'hélium à 77 K. La **figure 25** représente les différents isothermes de physisorption indiquant le volume spécifique d'azote adsorbé sur le matériau à 77 K à partir de mesures de pressions ainsi que les diagrammes de distribution de la taille de pores (répartitions du volume poreux en fonction du diamètre de pores) pour chacun des carbones testés en électrode à air.

D'une manière générale, l'isotherme d'adsorption/désorption est le reflet de la porosité du carbone. Les premiers sites à être remplis, à basse pression, sont ceux de plus forte énergie d'interaction. Ces sites, sur une surface de nature homogène, sont ceux situés dans des pores étroits (micropores) où les potentiels des surfaces qui se font face se recouvrent. Ensuite se remplissent les sites de moindre énergie correspondant à des pores de plus en plus larges (méso puis macropores). La présence d'une hystérèse entre les branches d'adsorption et de désorption de l'isotherme est révélatrice de la mésoporosité du matériau. Elle nous fournit également des informations liées à la forme ou à la structuration des pores.

Les carbones de type Norit et Picactif sont des carbones de type micro-mésoporeux avec un fort remplissage des micropores à faibles pressions relatives et une distribution de taille de pores centrée sur 4 nm de diamètre. Picactif possède un plus grand volume de micropores aux vues du diagramme de répartition poreuse. Super P Li est un carbone de type non poreux avec l'absence d'hystérèse sur l'isotherme. Le diagramme de répartition poreuse indique plutôt l'existence d'une porosité inter-particules avec une distribution très large de la taille des pores. Le carbone méso150 possède deux types de porosité. Obtenu à partir d'une silice mésoporeuse ordonnée (réseau poreux interconnecté), l'isotherme d'adsorption/désorption confirme l'existence de mésopores d'environ 7 nm (adsorption à faibles pressions relatives) mais aussi de macropores supérieurs à 100 nm. L'interconnexion de pores de tailles différentes génère des phénomènes de condensation capillaire variant selon que l'on soit en phase d'adsorption ou de désorption du gaz. Durant l'adsorption, on aura le phénomène de condensation capillaire dans les pores les plus larges (pression relative plus élevée), sur la désorption, on aura le phénomène de condensation capillaire dans les pores les plus étroits (pression relative plus faible). Ainsi, les branches de désorption et d'adsorption ne sont pas parallèles et cela s'observe par la distorsion de l'hystérèse. Le carbone Ketjenblack EC600 présente sensiblement les mêmes caractéristiques avec un large volume de macropores (50-150 nm). Cependant, avec un palier moins prononcé à des pressions relatives élevées et des branches d'adsorption et désorption parallèles, ce type de carbone ne possède pas de porosité rigide, organisée, mais plutôt un possible assemblage de particules en feuillets ou agrégats.

La **table 11** regroupe certains paramètres texturaux des différents carbones analysés par la méthode d'adsorption de l'azote.

Carbone	Surface Spécifique (S$_{BET}$, m²/g)	Volume poreux (cm³/g)	Diamètre moyen des pores (nm)	Type de porosité
Norit	1387	0,26	3,2	Micro
Picactif	1824	1,08	3,8	Micro
Super P Li	62	0,2	12,6	Non poreux
Carbone méso150	666	1,25	8,4	Méso-macro
Ketjenblack EC600	1351	2,02	13,7	Méso-macro

Table 11. *Propriétés texturales des différents carbones analysés par la méthode de l'adsorption de l'azote à 77 K (100 mg de poudre dégazés à 120°C pendant 2h et à pression réduite de 20 µmHg).*

3.2.3 Effet de la texture du carbone sur les performances électrochimiques de l'électrode à air

(a)

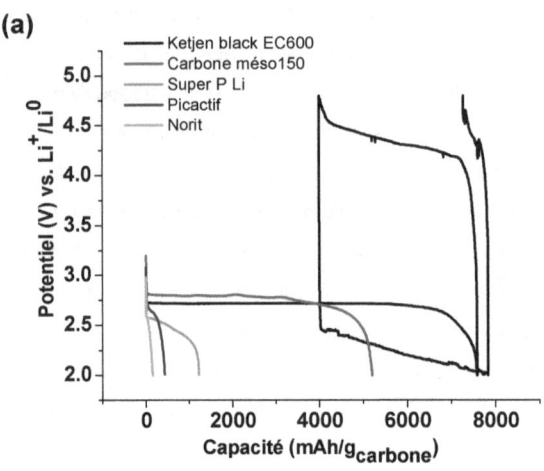

(b)

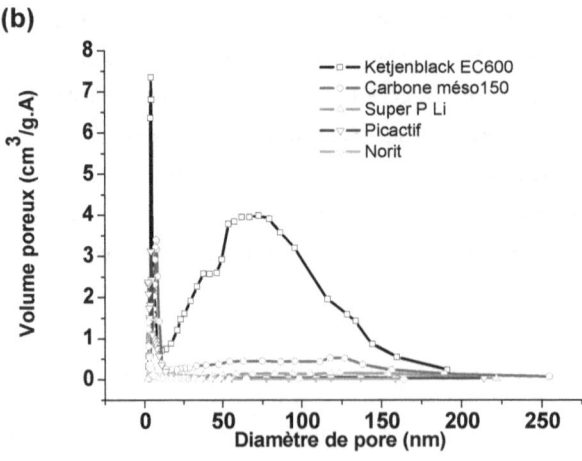

Figure 26. *A) courbes de décharge d'électrodes à air en fonction du type de carbone (carbone/liant 50/50 % massique, 25°C, 70 mA/gcarbone, Po2= 1atm, électrolyte: CP/LiPF6 1M), 2 premiers cycles galvanostatiques (bornes de cyclage : 2<E<4,8V vs. Li⁺/Li⁰) du carbone Ketjenblack EC600.*
B) *Distribution de la taille de pores (nm) en fonction du type de carbone.*

La **figure 26** représente les courbes électrochimiques de décharge des électrodes à air utilisant les carbones précédemment détaillés ainsi que les diagrammes de répartition poreuse en fonction du type de carbone utilisé. Une corrélation entre le volume des méso/macropores (i.e. ceux accessibles par les produits de décharge) et la capacité électrochimique de la batterie peut être observée. Plus ce volume augmente et plus les performances électrochimiques de l'électrode à air sont élevées (**figure 27**). Cependant, l'augmentation du volume poreux ainsi que la taille de pores sont sans effet sur la réversibilité de la réaction comme le soulignent les deux cycles galvanostatiques fortement irréversibles obtenus avec le carbone présentant les propriétés texturales les plus intéressantes de notre étude, i.e. le carbone Ketjenblack EC600. Ainsi, la rechargeabilité de l'électrode à air n'est pas influencée par la nature du carbone mais bien par la présence d'un catalyseur abaissant l'énergie d'activation de la réaction d'oxydation de Li_2O_2 lors de la charge de la batterie (section 2.2).

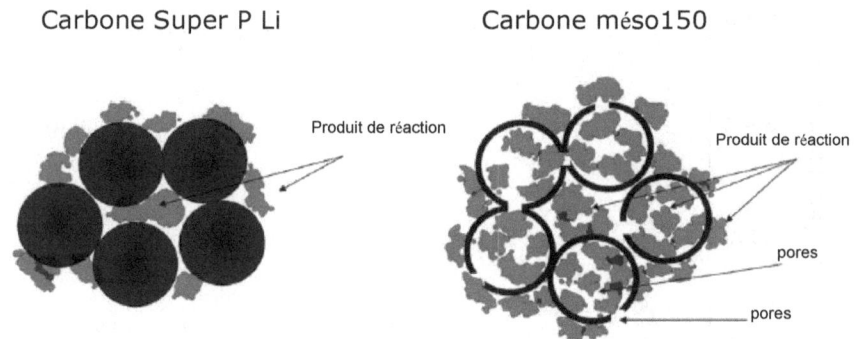

Figure 27. *Schématisation de l'effet de la porosité du carbone sur les capacités de stockage électrochimique de batteries lithium-air non-aqueuses.*

Ces résultats confirment l'importance de la taille des pores et du volume poreux accessible, en accord avec la littérature [49,50,51]. Les carbones microporeux Norit et Picactif perdent le bénéfice de leur surface spécifique très importante par leur diamètre de pores trop petit (i.e. ≈3-4 nm) pour incorporer les produits de la réaction de réduction de l'oxygène. Le carbone super P Li, quant à lui, malgré un volume poreux très faible, profite d'une porosité inter-particules qui augmente légèrement sa capacité de stockage. Les carbones méso150 et Ketjenblack EC600 enfin, possédant les volumes poreux les plus importants de cette étude, montrent les performances électrochimiques les plus élevées. De plus, on notera que le type de carbone influence considérablement le potentiel de réduction de l'oxygène avec notamment un potentiel supérieur pour le carbone méso150, cela provenant vraisemblablement du fait que, dans ce cas, l'interconnexion 3D du réseau poreux facilite la diffusion de l'oxygène dans le matériau.

Nous avons tenté de corréler les capacités gravimétriques pratiques et théoriques de nos électrodes à air (mAh/$g_{carbone}$) en fonction du volume poreux de chaque carbone (d(Li_2O_2)= 2,33 g/cm^3, $Q_{grav.}$(Li_2O_2)= 1165 mAh/g et $Q_{vol.}$(Li_2O_2)= 2715 mAh/cm$^3_{porosité}$, **figure 28**).

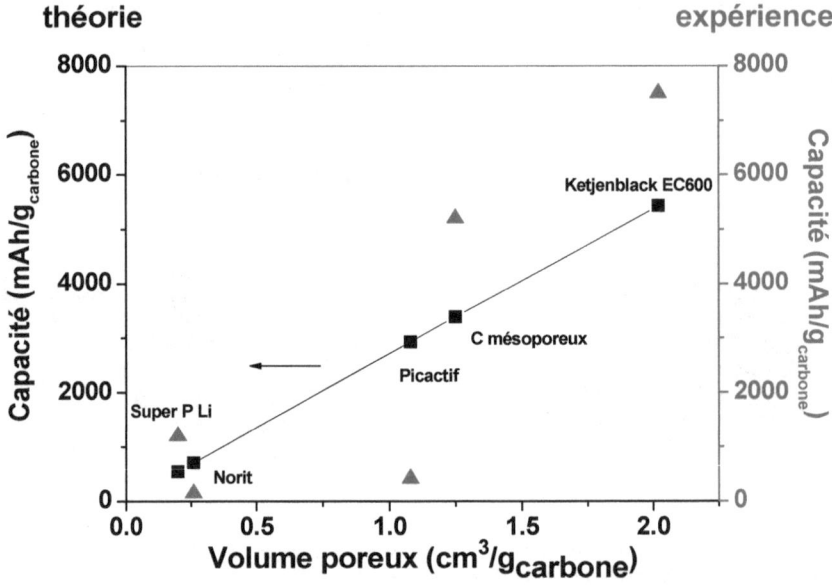

Figure 28. *Evolution de la capacité gravimétrique (mAh/$g_{carbone}$) en fonction du volume poreux. Electrodes à air carbone/liant 50/50 (% massique) déchargées à 70 mA/$g_{carbone}$, 25°C, 1atm de O_2 sec, électrolyte : 1M LiPF$_6$/CP.*

On note une variation importante entre valeurs expérimentales et valeurs théoriques ce qui indique que d'autres paramètres, en deçà de la porosité, interagissent sur les performances électrochimiques. Le diamètre restreint des pores (<10 nm) dans le cas des carbones Norit et Picactif pourrait justifier une telle différence. Cependant, dans le cas des carbones Super P Li, méso150 et Ketjen black EC600, l'extra-capacité obtenue en décharge semble indiquer l'existence d'un processus électrochimique secondaire s'ajoutant à celui couramment adopté :

$O_2 + 2e^- + 2Li^+ \rightarrow Li_2O_2$ (réaction sur laquelle nous nous sommes basés pour calculer les capacités théoriques en fonction du volume poreux).

A ce stade, des études complémentaires d'analyse chimique de la surface s'avèrent nécessaires pour pouvoir déterminer si cette extra capacité non-réversible est associée à une réduction des groupes présents à la surface des carbones (carbonyles, hydroxydes, acides carboxyliques, etc.), groupes qui d'ailleurs pourraient affecter la qualité de contact entre carbone et catalyseur.

3.3 Optimisation du contact carbone/catalyseur dans l'électrode à air

Dans le but de réduire la polarisation de l'électrode à air au cours des processus électrochimiques, nous avons tenté de favoriser l'interaction chimique ainsi que la surface de contact entre le catalyseur MnO_2 et le carbone, une meilleure conductivité électronique du composite C/MnO_2 étant recherchée. Pour cela, nous avons tenté de précipiter directement les nano-cristaux d'oxyde de manganèse sur le carbone via diverses méthodes de synthèse. Par la suite, les composites obtenus furent étudiés pour leurs comportements électrochimiques dans les conditions de cyclage standard (i, T, Po_2).

3.3.1 Méthode 1 : Utilisation du carbone comme agent réducteur d'une solution de permanganate de potassium

L'oxyde de manganèse est déposé spontanément sur du carbone mésoporeux par la simple immersion de 25 mg de carbone dans une solution de $KMnO_4$ à 0,01 M (14,3 mL). Le carbone joue ici le rôle d'agent réducteur transformant $KMnO_4$ en oxyde de manganèse MnO_2 de type birnessite [52]. Pour ce faire nous avons choisi le carbone méso150 (section 3.2.3) comme substrat carboné car celui-ci présente de bonnes performances électrochimiques en pile Li-air en raison de sa structure méso/macroporeuse ordonnée. La solution contenant le carbone est préalablement dégazée afin de favoriser la pénétration du permanganate de potassium dans les pores du carbone puis maintenue sous agitation à température ambiante pendant 12 h. La disparition totale de la couleur violacée typique de $KMnO_4$ indique une réaction complète. Cette étape est finalement suivie d'un traitement hydrothermal de cette même solution pendant une heure à 150°C afin d'augmenter la cristallinité de l'oxyde précipité. Le rapport molaire C/MnO$_2$ est de 14/1 (2/1 en rapport massique, ≈ 34% en masse de MnO$_2$ dans le composite C/MnO$_2$).

Les clichés de microscopie électronique en transmission montrent la formation de l'oxyde de manganèse à l'intérieur des pores du carbone (**figure 29 (a)**). Ceci fut confirmé par diffraction électronique (Selected Area Electron Diffraction) identifiant les larges distances interréticulaires d_{hkl} de la phase Cryptomélane. Cependant, les analyses par adsorption gazeuse révèlent une réduction importante du volume poreux (1,25 ≠ 0,78 cm^3/g, **figure 29 (b)**) et de la surface spécifique du composite liée à la précipitation du catalyseur, ce qui se traduit par des performances électrochimiques médiocres (**figure 29 (c)**). Rappelons que lors de la préparation de nos électrodes à air, la formulation initiale 11% C, 19% MnO$_2$, 15% liant et 55% plastifiant, devient simplement 30% composite C/MnO$_2$, 15% liant et 55% plastifiant[y] (% massiques) pour chaque électrode. On note cependant l'effet catalytique de l'oxyde de manganèse qui conduit à une diminution du potentiel charge de la batterie (≈4 V vs. Li$^+$/Li^0) alors que l'électrode employant le même carbone mais sans catalyseur incorporé ne démontre pas de réelle rechargeabilité, indiquant réellement le rôle essentiel du catalyseur en oxydation.

(a)

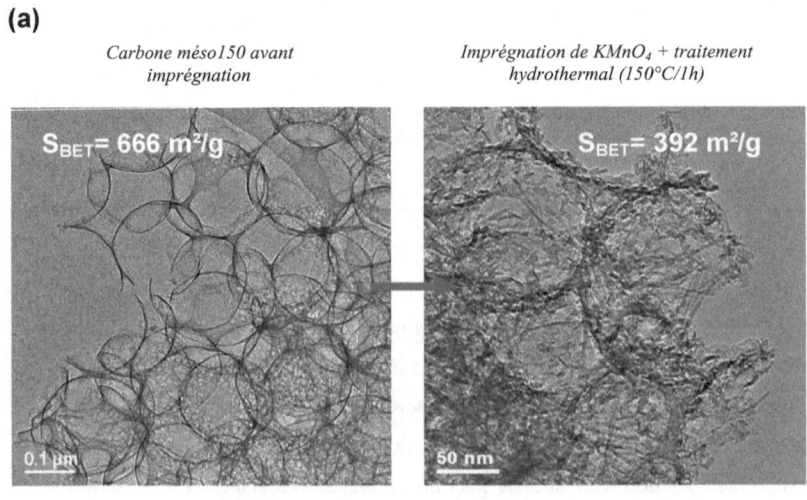

Carbone méso150 avant imprégnation — Imprégnation de KMnO$_4$ + traitement hydrothermal (150°C/1h)

---

[y] Nous rappelons que le plastifiant est extrait avant usage de l'électrode en batterie Li/O$_2$.

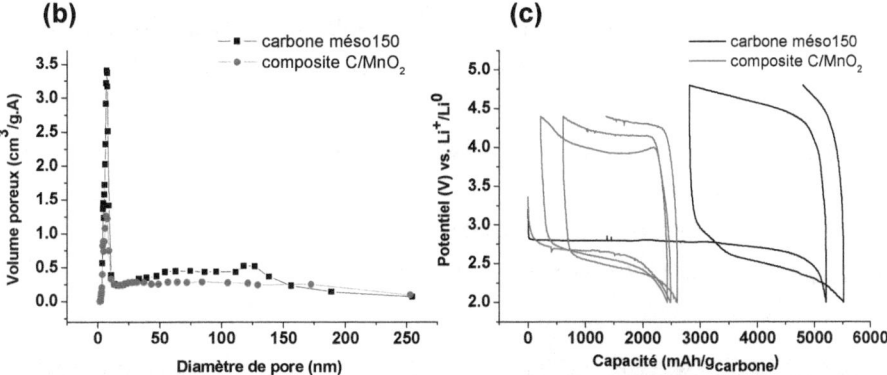

Figure 29. A) *Clichés de microscopie électronique en transmission montrant le carbone mésoporeux avant et après imprégnation de la solution de KMnO₄,* **B)** *diagrammes de répartition poreuse du carbone avant et après précipitation du catalyseur et* **C)** *courbe galvanostatique du composite Cmésoporeux/MnO₂ incorporé en électrode à air (25°C, 70 mA/gcarbone, 1 atm O₂ sec, cyclé entre 2 et 4,4 V vs. Li⁺/Li⁰) et comparé aux performances du Cmésoporeux seul dans les mêmes conditions (C/liant 50/50, 2<E<4,9 V vs. Li⁺/Li⁰).*

A ce stade, afin de limiter la quantité d'oxyde déposée sur les murs du carbone, nous avons dû modifier notre méthode de synthèse comme indiqué dans ce qui suit.

3.3.2 Méthode 2 : Précipitation de α-MnO₂ sur carbone Super P Li en présence de surfactant

Nous avons repris la synthèse de α-MnO₂ très divisé via l'emploi d'un surfactant comme rapporté précédemment dans ce chapitre (section 2.3) et l'avons adaptée afin de précipiter directement la phase sur le carbone. Plus précisément, 0,8 g de surfactant Pluronic P123 sont dissous dans 10 mL d'éthanol et 0,5 g de carbone Super P Li y sont ajoutés, la solution étant maintenue sous agitation pendant 2 heures. Une solution de MnSO₄.H₂O à 0,4 M est ensuite versée dans le mélange et le tout est laissé sous agitation pendant 2 jours à température ambiante. Notons que le carbone Super P Li est préalablement « activé » dans l'acide nitrique afin d'augmenter la polarité de la surface et ainsi sa mouillabilité par la solution de sulfate de manganèse. Par la suite, une solution de permanganate de potassium KMnO₄ à 0,25 M (1,25 moles pour 1 mole de MnSO₄) est ajoutée goutte à goutte et le tout maintenu sous agitation pendant 24 heures. Le composite C/MnO₂ est enfin récupéré par centrifugation de la solution, lavé plusieurs fois dans l'éthanol et dans l'eau distillée puis séché sous vide à 80 °C pendant 12 heures. Les quantités initiales de carbone et de sulfate de manganèse sont choisies en fonction du rapport molaire final C/MnO$_2$ souhaité. Trois composites dont la formulation est listée ci-dessous ont ainsi été préparés.

Composite #1 : C/MnO$_2$ 8/1 en rapport molaire, ≈50% en masse de catalyseur dans le composite carbone+catalyseur,

Composite #2 : C/MnO$_2$ 12/1, ≈40% en masse de catalyseur,

Composite #3 : C/MnO$_2$ 17/1, ≈30% en masse de catalyseur.

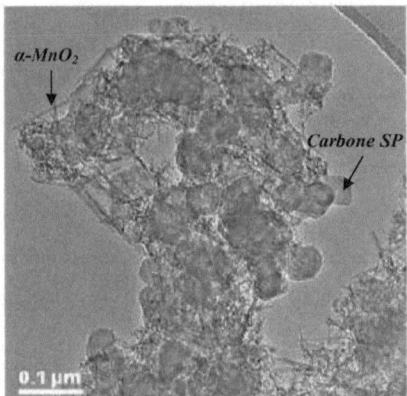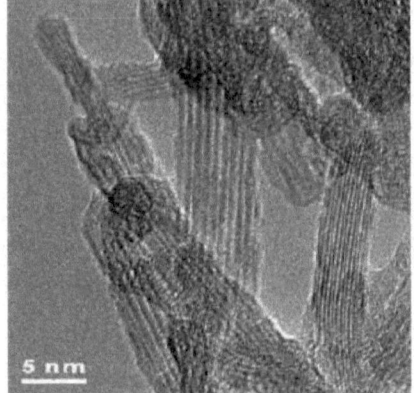

Figure 30. *Clichés de microscopie électronique en transmission montrant la précipitation de nano-bâtonnets de MnO$_2$ sur les particules activées de carbone Super P Li (**Composite #2**).*

Les diffractogrammes des 3 échantillons obtenus (**figure 31**) sont peu résolus dû vraisemblablement à leur nano-cristallinité qui fut confirmée par microscopie électronique haute résolution (i.e. observation de franges sur le cliché de droite, **figure 30**).

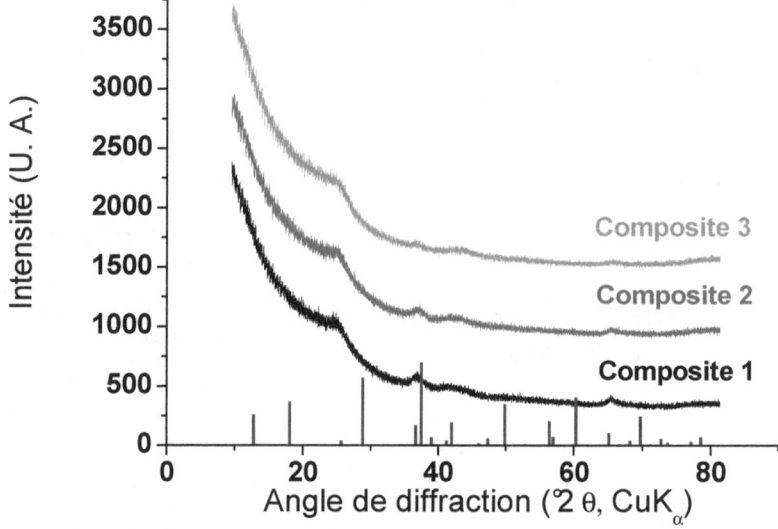

Figure 31. *Diagrammes de diffraction de rayons X enregistrés sur différents composites C/MnO$_2$ préparés par la méthode 2 (référence α-MnO$_2$ carte JCPDS #00-044-0141).*

Composite (rapport molaire C/MnO$_2$)	1 (8/1)	2 (12/1)	3 (17/1)
Surface spécifique BET (m²/g)	159	141	118

Table 12. *Surfaces spécifiques (S_{BET}, m²/g) des différents composites C/MnO$_2$ préparés par la méthode 2 (100 mg de poudre dégazés à 120°C, 20 μmHg, pendant 2h).*

Le comportement en cyclage de ces électrodes est représenté sur la **figure 32** avec, pour comparaison, le comportement d'une électrode contenant le même type de α-MnO$_2$ (synthèse #2, section 2.3) mais où les poudres sont simplement mélangées entre elles (11% de carbone + 19% de catalyseur). Dans ce cas, le catalyseur représente 63% en masse du mélange C/MnO$_2$. Cette façon de structurer l'électrode à air permet donc de diminuer considérablement la masse de catalyseur dans l'électrode et ainsi d'accroître la capacité spécifique totale.

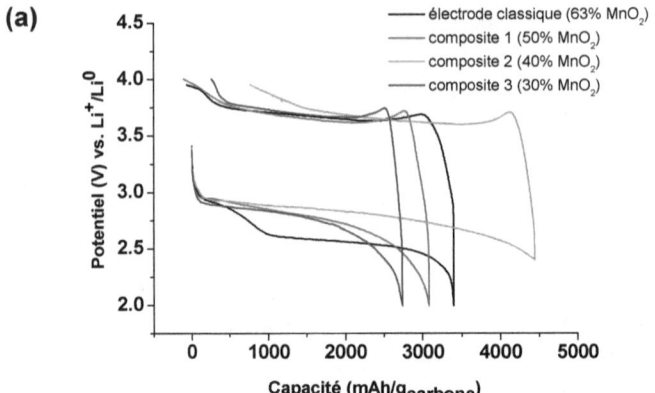

(a)

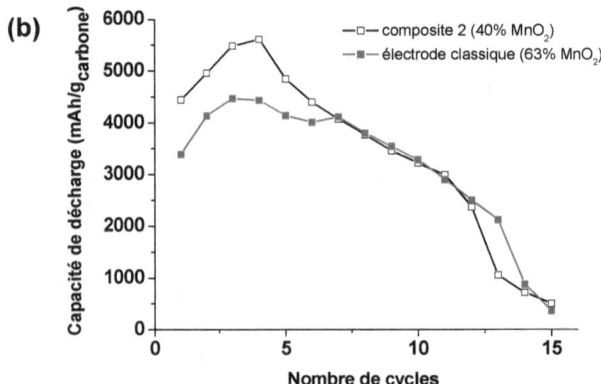

(b)

Figure 32. A) Courbes galvanostatiques (1er cycle) d'électrodes à air et effet du composite C/MnO₂, B) Rétention de la capacité spécifique de décharge en fonction du nombre de cycles galvanostatiques (composition : C+MnO₂ 30%, liant 15% et plastifiant 55%, i=70 mA/g_{carbone}, 25°C, 1 atm de O₂ sec, électrolyte : 1M LiPF₆/CP, 2 ou 2,5<E<4V vs. Li⁺/Li⁰).

Nos composites chargés C/MnO₂ [rapport molaire carbone/catalyseur est de 12/1 (40% en masse de MnO₂)] n'ont pas permis de réduire le potentiel de charge de l'électrode (≈3,7 V vs. Li⁺/Li⁰) mais ont cependant permis d'augmenter le potentiel de décharge, réduisant ainsi la polarisation d'environ 300 mV (≈0,8 V). Il s'agit de la polarisation de cellule la plus faible que nous avons obtenue à ce jour. Cependant la capacité ne put être maintenue au-delà des 10 premiers cycles, barrière fatale à toutes nos électrodes. Finalement, des résultats très encourageants furent obtenus avec la seconde méthode de préparation de carbones chargés. Nous avons réussi à réduire la quantité de catalyseur de 63 à 40% en masse dans le mélange C + MnO₂ tout en augmentant la capacité spécifique par gramme de carbone (i.e. $\approx$ 4500 mAh/$g_{carbone}$, $\approx$ 1000 mAh/g_{total}) et en réduisant la polarisation de l'électrode. La cyclabilité d'une telle électrode s'est malheureusement avérée de nouveau très limité (10-15 cycles).

3.4 Conclusions

Nous avons vu que la nature du carbone et la structuration de l'électrode avaient un effet important sur le comportement électrochimique de l'électrode à air. Le type de carbone influence directement la capacité électrochimique ainsi que le potentiel de réduction de l'oxygène (i.e. la tension de cellule). Volume poreux et diamètre des pores du carbone doivent être maximisés afin d'améliorer les propriétés de stockage de l'électrode à air. Une méso/macroporosité ordonnée (e.g. carbone méso150) offre une meilleure diffusion de l'oxygène dans le matériau, ce qui tend à augmenter la tension délivrable par la batterie (i.e. le potentiel de réduction d'O_2). Cependant, l'optimisation de la texture du carbone est sans effet sur la réversibilité de la réaction de l'électrode Li-air qui requiert donc la présence d'un catalyseur au contact du carbone. La préparation de carbones chargés en MnO_2 améliorant l'interface carbone/catalyseur a permis d'augmenter le rendement énergétique et la capacité spécifique totale de la batterie tout en diminuant la quantité de catalyseur nécessaire à la fabrication de l'électrode.

4   Conclusions

Au cours de ce chapitre, nous avons étudié le fonctionnement de l'électrode à air dans les systèmes électrochimiques : lithium/électrolyte non aqueux/électrode à air/O_2. Au travers d'exemples pratiques, nous avons pas à pas identifié les différents verrous technologiques:

(1) L'électrode à air subit au cours de la décharge de la batterie une réaction de passivation qui bloque peu à peu le processus cathodique et restreint la capacité pratique de la batterie. Cette réaction est due à la précipitation électrochimique du peroxyde de lithium Li_2O_2 à la surface de l'électrode.

(2) L'insolubilité du produit de décharge rend le processus électrochimique de la batterie fortement irréversible. Ceci confère aux systèmes lithium-air anhydres un très faible rendement énergétique ($\approx$60-70%, i.e. une forte polarisation $\approx$ 1 V entre la tension de décharge et la tension de charge).

(3) La diffusion des espèces électroactives et le transfert de charge à l'interface triphasée électrode-oxygène-électrolyte constituent la faiblesse de ces systèmes. La structuration de l'électrode (e.g. organisation de la porosité) ainsi que l'interaction chimique entre le carbone et le catalyseur affectent la tension délivrable de la batterie ($\approx$2,6V, comparé au potentiel théorique de la réaction $2Li + O_2 \leftrightarrows Li_2O_2$ de 3,1V).

Nous pouvons maîtriser la précipitation de Li_2O_2 dans l'électrode en contrôlant la porosité de l'électrode et plus particulièrement la texturation du carbone. L'emploi de carbones possédant un volume important de méso-macropores (i.e. 20<d_{pores}<150 nm) permet d'accroître considérablement la capacité électrochimique de stockage du produit de la réaction. De plus, il est nécessaire de sélectionner un catalyseur spécifique à la réaction de dépassivation de l'électrode à air, $Li_2O_2 \rightarrow 2Li + O_2$, afin de minimiser le potentiel de charge de l'électrode et d'assurer la réversibilité de la réaction. La réaction de dismutation du peroxyde d'hydrogène, $H_2O_2 \rightarrow H_2O + 1/2O_2$, a été utilisée comme outil de sélection de catalyseurs (e.g. oxydes de métaux de transition) de la décomposition d'une espèce peroxyde (en rapport avec le produit final de réaction des batteries Li-air Li_2O_2). Celle-ci nous a permis notamment de mettre en évidence l'activité catalytique supérieure de l'oxyde de manganèse (alpha) vis-à-vis de l'oxydation de Li_2O_2. En modifiant la voie de synthèse de cet oxyde, nous avons réussi à accroître sa surface spécifique et ainsi pu réduire la polarisation de l'électrode à air. Par ailleurs, nous pouvons considérablement augmenter la tension de décharge ($\approx$2,8/3 V) de la batterie via la préparation de carbones possédant un réseau 3D de méso/macropores ou de carbones chargés en MnO_2 par voie chimique permettant une amélioration des cinétiques du transport de matière active et du transfert de charge.

Enfin, il est indispensable de mettre au point un électrolyte (sel+solvant) chimiquement stable vis-à-vis d'espèces intermédiaires nucléophiles telles que l'ion superoxide O_2^{-}, produit du mécanisme primaire de réduction de l'oxygène dans les batteries lithium-air. La non contamination de nos électrodes à air par des produits insolubles de dégradation de l'électrolyte contribuera à augmenter le rendement énergétique et la cyclabilité de ce type de batteries.

5   Références bibliographiques

[1]   J.-M. Tarascon, A. S. Gozdz, C. Schmutz, F. Shokoohi, P. C. Warren, *Solid State Ionics* **86-88** 49 (1996)

[2]   J. Read, *J. Electrochem. Soc.*, **149** A1190 (2002)

[3]   K. Hayashi, Y. Nemoto, S. Tobishima, J Yamaki, *Electrochim. Acta* **44** 2337 (1999)

[4]   K. Kondo, M. Sano, A. Hiwara, T. Omi, M. Fujita, A. Kuwae, M. Iida, K. Mogi, H. Yokoyama, *J. Phys. Chem. B* **104** 5040 (2000)

[5]   R. G. Pearson, *J. Am. Chem. Soc.* **85** 3533 (1963)

[6]   C. O. Laoire, S. Mukerjee, K. M. Abraham, E. J. Plichta, M. A. Hendrickson, *J. Phys. Chem. C* **113** 20127 (2009)

[7]   R. C. Paul, S. P. Johar, J. S. Banait, S. P. Narula, *J. Phys. Chem.* **80** 351 (1976)

[8]   J. S. Gnanaraj, R. W. Thompson, J. F. DiCarlo, K. M. Abraham, *J. Electrochem. Soc.* **154** A185 (2007)

[9]   D. Vasudevan, H. Wendt, *J. Electroanal. Chem.* **192** 69 (1995)

[10]   D. T. Sawyer, E. T. Seo, *Inorg. Chem.* **16** 499 (1977)

[11]   D. L. Maricle, W. G. Hodgson, *Anal. Chem.* **37** 1562 (1965)

[12]   D. T. Sawyer, J. S. Valentine, *Acc. Chem. Res.* **14** 393 (1981)

[13]   D. T. Sawyer, G. Chlerlcato, C. T. Angells, E. J. Nannl, T. Tsuchlya, *Anal. Chem.* **54** 1720 (1982)

[14]   J. Thénard, *Ann. Chim. Phys.* **9** 314 (1818)

[15]   J. H. Baxendale, *Advances in Catalysis* **4** 31 (1952)

[16]   A. E. Cahill, H. Taube, *J. Am. Chem. Soc.* **74** 2312 (1952)

[17]   C. B. Roy, *J. Catalysis* **12** 129 (1968)

[18]   M. W. Rophael, N. S. Petro, L. B. Khalil, *J. Power Sources* **22** 149 (1988)

[19]   H. Zhou, Y. F. Shen, J. Y. Wang, X. Chen, C.-L. O'Young, S. L. Suib, *J. Catalysis* **176** 321 (1998)

[20]   W. Zhang, H. Wang, Z. Yang, F. Wang, *Colloids and Surfaces A: Physicochem. Eng. Aspects* **304** 60 (2007)

[21]   S.-H. Do, B. Batchelor, H.-K. Lee, S.-H. Kong, *Chemosphere* **75** 8 (2009)

[22]   A. Dobley, *210ème Congrès International ECS*, Abstract 391 (2006)

[23]   A. Débart, J. Bao, G. Armstrong, P. G. Bruce, *J. Power Sources* **174** 1177 (2007)

[24]   A. Débart, A. J. Patterson, J. Bao, P. G. Bruce, *Angew. Chem. Int. Ed.* **47** 1 (2008)

[25]   M. Casas-Cabanas, G. Binotto, D. Larcher, A. Lecup, V. Giordani, J.-M. Tarascon, *Chem. Mater.* **21** 1939 (2009)

[26]   Y.-C. Lu, H. A. Gasteiger, M. C. Parent, V. Chiloyan, Y. Shao-Horn, *Electrochem. Solid-State Letters* **13** A69 (2010)

[27]   Y.-C. Lu, Z. Xu, H. A. Gasteiger, S. Chen, K. Hamad-Schifferli, Y. Shao-Horn, *J. Am. Chem. Soc. Comm.* (2010)

[28]   S. B. Kanungo, K. M. Parida, B. R. Sant, *Electrochim. Acta* **26** 1157 (1981)

[29]   V. A. Sadykov, P. G. Tsyrulnikov, *Kinet. Katal.* **17** 626 (1976)

[30]   G. M. Nabar, *Indian J. Technol.* **4** 239 (1966)

[31]   Y. Ren, Z. Ma, L. Qian, S. Dai, H. He, P. G. Bruce, *Catal. Lett.* **131** 146 (2009)

[32]   G. Binotto, D. Larcher, A. S. Prakash, R. H. Urbina, M. S. Hegde, J.-M. Tarascon, *Chem. Mater.* **19** 2032 (2007)

[33]   Y. Gao, G. Wang, J. Wan, G. Zou, Y. Qian, *J. Cryst. Growth* **279** 415 (2005)

[34]   F. Jiao, P. G. Bruce, *Adv. Mater.* **19** 657 (2007)

[35]   Z. Peng, S. A. Freunberger, L. J. Hardwick, Y. Chen, V. Giordani, F. Bardé, P. Maire, P. Novák, J.-M. Tarascon, D. Graham, P. G. Bruce, Soumis à *Nat. Chem.* (2010)

[36]   C. S. Johnson, M. F. Mansuetto, M. M. Thackeray, Y. Shao-Horn, S. A. Hackney, *J. Electrochem. Soc.* **144** 2279 (1997)

[37]   C. S. Johnson, D. W. Dees, M. F. Mansuetto, M. M. Thackeray, D. R. Vissers, D. Argyriou, C.-K. Loong, L. Christensen, *J. Power Sources* **68** 570 (1997)

[38]   N. Kijima, T. Ikeda, K. Oikawa, F. Izumi, Y. Yoshimura, *J. Solid State Chem.* **177** 1258 (2004)

[39]   Y. Muraoka, H. Chiba, T. Atou, M. Kikuchi, K Hiraga, Y. Syono, S. Sugiyama, S. Yamamoto, J.-C. Grenier, *J. Solid State Chem.* **144** 136 (1999)

[40]   R. Patrice, *Thèse de doctorat présentée à l'Université de Picardie Jules Verne* (2001)

[41]   X. Wang, Y. Li, *Chem. Commun.* **7** 764 (2002)

[42]   R. Jiang, T. Huang, J. Liu, J. Zhuang, A. Yu, *Electrochim. Acta* **54** 3047 (2009)

[43]   K. M. Abraham, Z. J. Jiang, *J. Electrochem. Soc.* **143** 1 (1996)

[44]   T. Ogasawara, A. Debart, M. Holzapfel, P. Novak, P. G. Bruce, *J. Am. Chem. Soc.*
         128 1390 (2006)

[45]   J. Gamby, P. L. Taberna, P. Simon, J. F. Fauvarque, M. Chesneau, *J. Power Sources*, **101** 109
         (2001)

[46]   L. Bonnefoi, P. Simon, J. F. Fauvarque, C. Sarrazin, J. F. Sarrau, A. Dugast, *J. Power Sources*
         80 149 (1999)

[47]   Y. Lei, C. Fournier, J.-L. Pascal, F. Favier, *Microporous and Mesoporous Mater.* **110** 167
         (2008)

[48]   E. P. Barrett, L. G. Joyner, P. P. Halenda, *J. Am. Chem. Soc.* **73** 373 (1951)

[49]   J. Xiao, D. Wang, W. Xu, D. Wang, R. E. Williford, J. Liu, J.-G. Zhang, *J. Electrochem. Soc.*
         157 A487 (2010)

[50]   M. Mirzaeian, P. J. Hall, *Electrochim. Acta* **54** 7444 (2009)

[51]   X.-H. Yang, P. He, Y.-Y. Xia, *Electrochem. Commun.* **11** 1127 (2009)

[52]   S.-B. Ma, Y.-H. Lee, K.-Y. Ahn, C.-M. Kim, K.-H. Oh, K.-B. Kim, *J. Electrochem. Soc.* **153**
         C27 (2006)

Chapitre III
Mécanismes de fonctionnement de l'électrode à air dans les systèmes lithium-air non aqueux rechargeables

L'objectif de ce chapitre est de comprendre d'un point de vue mécanistique le fonctionnement de l'électrode à air en milieu organique. Après quelques rappels sur l'électrochimie de l'oxygène dans les milieux polaires, nous montrerons que la réduction de l'oxygène dans les batteries Li/O$_2$ anhydres est un mécanisme complexe faisant intervenir plusieurs intermédiaires. Nous étudierons notamment l'effet et l'importance du choix du solvant sur la nature des produits de réaction et les propriétés électrochimiques telles que la diffusion et la solubilité de l'oxygène. La rechargeabilité de l'électrode est d'une importance cruciale dans le développement de ces systèmes, c'est pourquoi nous avons également tenté d'élucider le mécanisme associé à la décomposition des produits de décharge. Enfin, dans une dernière partie, nous mettrons en évidence les réactions de dégradation des carbonates d'alkyle, nuisibles au fonctionnement de l'électrode à air.

1 Electrochimie du dioxygène O$_2$ dans les milieux polaires

1.1 Rappels sur la solubilité

En règle générale, « Likes Dissolve Likes » (« qui se ressemble s'assemble »). Ainsi un soluté aura une plus grande solubilité dans un solvant ayant le même type de polarité (e.g. AgCl$_{(s)}$/H$_2$O$_{(l)}$). Le dioxygène O$_2$ est une molécule non polaire puisqu'elle ne possède pas de moment dipolaire global permanent. Le nuage électronique de la liaison covalente liant les deux atomes d'oxygène est également réparti sur l'ensemble de la molécule. La polarisabilité (i.e. capacité à former un dipôle induit) de ce nuage à l'approche d'une molécule dipolaire confère à la molécule d'oxygène ses propriétés de solubilité dans les milieux polaires.

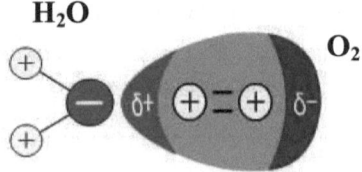

***Figure 1.** Induction d'un moment dipolaire dans une molécule de type non polaire comme O$_2$.*

Ce type d'attractions intermoléculaires entre pôles différemment chargés de deux molécules est connu sous le nom d'interactions dipôle permanent (e.g. H$_2$O)/dipôle induit

(O_2) ou forces de Debye. La création de ces forces explique le mécanisme par lequel l'oxygène va pouvoir se dissoudre partiellement dans les solvants polaires protiques (eau, méthanol, etc.) et aprotiques (acétonitrile, diméthylesulfoxyde, carbonate de propylène, etc.). La vitesse de dissolution de la molécule dans le milieu est fonction de la nature du solvant et peut être une étape cinétiquement limitante. L'oxygène est moins soluble dans l'eau[a] que dans les solvants organiques, c'est pour cela que certains fluorocarbures où la solubilité d'O_2 est importante sont employés comme transporteurs d'oxygène (e.g. substituts artificiels de sang). Plus les molécules d'oxygène peuvent donner d'interactions avec celles du solvant plus la solubilité dans le milieu sera importante. Les propriétés physico-chimiques du solvant sont donc fondamentales et vont avoir une influence considérable. Parce que les interactions de type dipôle permanent/dipôle induit sont très faibles (E < 1 kJ/mol), la quantité de gaz dissous dans un volume donné de solvant dépend également de la température et de la pression. Selon la loi d'Henry, la solubilité d'un gaz dans un liquide est proportionnelle à la pression partielle du gaz au-dessus de la solution. En milieu aqueux, la présence de sels influence la solubilité tout comme la température. L'oxygène est plus soluble lorsque la température diminue[b]; inversement, la solubilité du gaz va diminuer (ainsi que sa diffusivité) lorsque la concentration du sel support (KOH, acides, etc.) augmente.

Après avoir parcouru ces quelques définitions de la solubilité de l'oxygène, nous allons à présent nous intéresser aux mécanismes électrochimiques.

1.2 Réactivité électrochimique de l'oxygène

La molécule d'oxygène possède des propriétés remarquables. Elle existe sous de nombreuses formes: l'oxygène O_2 (degré d'oxydation 0), les anions superoxide $O_2^{\cdot-}$ (-1/2), peroxyde O_2^{2-} (-1) et oxyde O^{2-} (-2). Elle est donc d'un point de vue thermodynamique très réactive électrochimiquement. Cependant, l'aspect cinétique limite tout particulièrement la conduite des processus rédox. Cette « anomalie » cinétique provient de la configuration électronique de la molécule d'oxygène. L'oxygène est triplet à l'état fondamental. C'est un diradical possédant deux électrons non appariés de spin parallèle occupant deux orbitales moléculaires dégénérées. Une telle configuration empêche l'oxygène moléculaire de réagir

---

[a] $[O_2]$= 1 mM (1 atm).
[b] Cette loi suit le principe de Le Chatelier.

avec beaucoup de molécules souvent dans un état de singulet où tous les électrons sont appariés. Ainsi, et notamment en biologie, de nombreux procédés basés sur la réactivité de l'oxygène emploient des catalyseurs métalliques (e.g. porphyrines[c]) pour accélérer les réactions. L'effet cinétique et l'effet de solubilité que nous avons décrit juste avant sont les deux barrières aux réactions chimiques/électrochimiques de l'oxygène moléculaire. Cela justifie cependant la raison pour laquelle 10^{15} tonnes d'oxygène sont accumulées au-dessus de nos têtes dans l'atmosphère. En solution, l'oxygène est réduit en 3 étapes:

$$O_2 + e^- \rightarrow O_2^{\cdot-}$$
$$O_2^{\cdot-} + e^- \rightarrow O_2^{2-}$$
$$O_2^{2-} + 2e^- \rightarrow 2O^{2-}$$

Le premier intermédiaire est l'ion superoxide. La configuration électronique d'un tel anion lui attribue la réactivité chimique d'un halogène à savoir son habilité à réagir avec des métaux alcalins pour former des composés ioniques (e.g. KO_2) ou encore des protons pour former des espèces de type peroxyde plus stables (e.g. H_2O_2). Le degré de solvatation du superoxide dépend du milieu dans lequel il est généré. Les milieux organiques moins polaires que l'eau et dépourvus de protons pouvant stabiliser l'ion par des liaisons hydrogène exaltent la réactivité du superoxide qui peut dès lors réagir avec toute espèce pouvant jouer le rôle d'acide (e.g. cations métalliques, protons labiles) ou d'électrophile (e.g. molécules de solvant). L'ensemble des résultats obtenus dans les divers milieux montre que la basicité des anions augmente du superoxide à l'oxyde [1,2].

1.2.1 Réactions rédox dans l'eau

En solution aqueuse, la réduction de l'oxygène a fait l'objet d'un nombre considérable de travaux tant sur un plan théorique que pratique depuis de nombreuses décennies et notamment avec l'émergence de la technologie des piles à combustible. Les réactions rédox connues de l'électrochimie de l'oxygène en milieu polaire protique sont illustrées par la **figure 2** [3,4]. Le produit de la réduction monoélectronique de l'oxygène, l'ion superoxide $O_2^{\cdot-}$, est fortement instable en milieu acide où sa forme protonée $HO_2^\cdot$ se décompose rapidement en oxygène et en peroxyde d'hydrogène H_2O_2. En milieu alcalin, l'ion superoxide est plus stable mais se transforme tout de même en oxygène et en ion hydroperoxyde HO_2^-. Ces espèces ne sont que des intermédiaires dans la réaction globale de réduction de l'oxygène.

---

[c] Molécules à structures cycliques impliquées dans le transport de l'oxygène.

La réduction des peroxydes mène à la formation d'eau en milieu acide et d'ions hydroxydes HO⁻ à pH plus élevé.

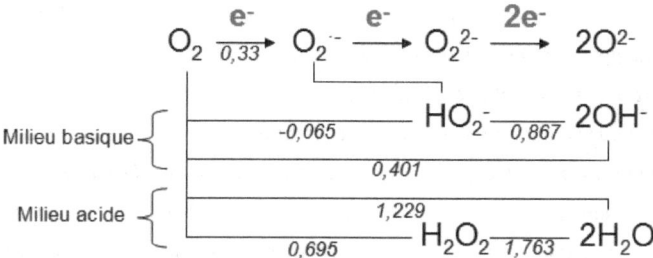

Figure 2. *Différents couples rédox de l'oxygène moléculaire dans l'eau (Potentiels standards E^0 en Volts par rapport à l'électrode standard à hydrogène).*

La réduction directe de l'oxygène en eau est d'une importance capitale considérant le nombre de réactions dans lesquelles l'oxygène et ses formes dérivées sont employés. Ce processus est extrêmement énergétique puisqu'il délivre 4 électrons tout en générant un produit inoffensif et représente donc un moyen propre et économique de production d'énergie électrique[d] [5]. La nature des formes adsorbées de l'oxygène et des produits de réaction à la surface de l'électrode sont cependant sujets à débat entre les différents groupes de recherche vu le nombre de chemins et intermédiaires réactionnels envisageables. Par exemple, la nature de l'électrode, à travers ses propriétés chimiques et de surface, influence notablement les étapes d'adsorption/désorption des espèces électroactives ou intermédiaires et ainsi les chemins réactionnels.

La suite de ce chapitre sera essentiellement consacrée à l'électrochimie de l'oxygène dans les milieux polaires aprotiques, en rapport avec le développement d'une électrode pour batteries lithium-air anhydres.

1.2.2 Réactions rédox dans les milieux organiques

De nombreuses études électrochimiques [6,7,8,9,10,11,12,13,14,15,16] ont montré que l'oxygène dissous dans les milieux polaires aprotiques est réduit en ion superoxide $O_2^{\cdot-}$. Ce dernier est relativement stable puisque sa dismutation en dianion peroxyde « non-stabilisé »[e]

---

[d] $O_2 + 4e^- + 4H^+ \leftrightarrows 2H_2O$ ($-\Delta G^0 = 316$ kJ/mol à pH 7).
[e] $2O_2^{\cdot-} \leftrightarrows O_2^{2-} + O_2$, « Non-stabilisé » : forme déprotonée ou non-coordinée à un ion métallique.

O_2^{2-} est d'un point de vue thermodynamique extrêmement défavorable. La stabilisation des superoxides est assurée soit par solvatation soit par formation d'une paire d'ions avec le cation TBA^+ (tétrabutyle ammonium) du sel support présent dans le milieu [15].

La voltampérométrie cyclique est une technique couramment employée pour étudier la cinétique et le mécanisme d'une réaction. Les courbes intensité-potentiel qui en dérivent permettent de diagnostiquer rapidement un processus électrochimique souvent complexe. Les voltampérogrammes de l'électroréduction de l'oxygène sur une électrode disque plan de carbone vitreux sont représentées sur la **figure 3** pour différents solvants organiques. Les conditions expérimentales sont les mêmes que décrites en section 1.3.3 du chapitre 2.

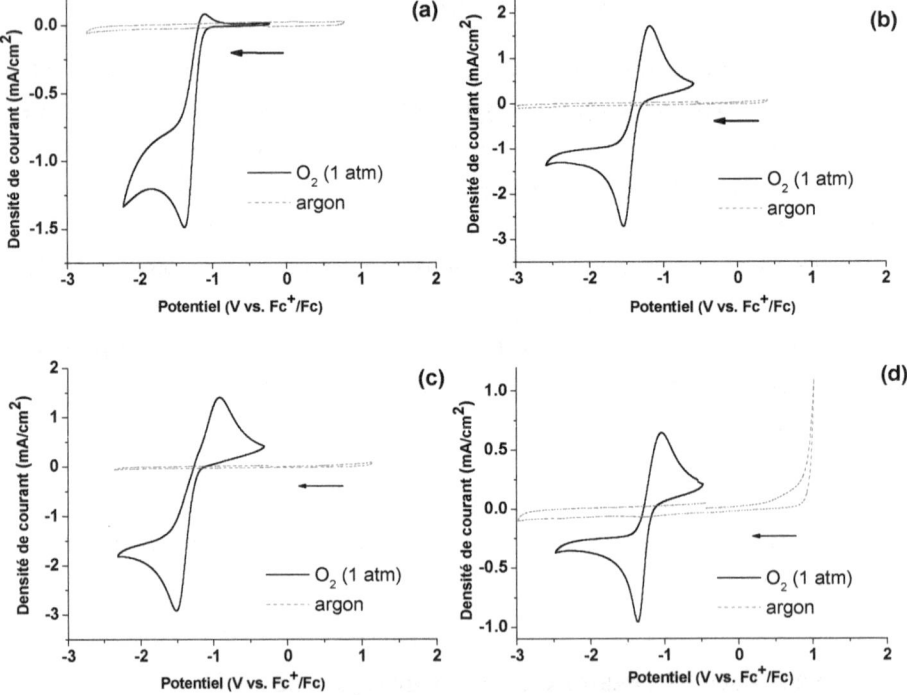

Figure 3. *Voltampérogrammes cycliques (1ᵉʳ cycle) de la réduction de l'oxygène moléculaire O_2 à l'électrode disque plan de carbone vitreux dans (a) le carbonate de propylène CP, (b) le diméthylformamide DMF, (c) l'acétonitrile ACN et (d) le diméthylsulfoxyde DMSO. Vitesse de balayage : 0,1 V/s. T=25°C. Po_2=1 atm. Electrolyte support : 0,1 M $TBAPF_6$.*

Les résultats obtenus par cette méthode indiquent que la réaction électrochimique étudiée est réversible à l'électrode de carbone vitreux. Cependant, le degré de réversibilité dépend du solvant utilisé et de la stabilité de l'espèce formée (i.e. l'ion superoxide) dans la fenêtre de potentiels explorée. Chaque voltampérogramme enregistré sous une atmosphère d'oxygène comporte deux vagues : une d'intensité négative (vague cathodique) associée à la réduction de l'oxygène et une d'intensité positive (vague anodique) associée à l'oxydation réversible de l'ion superoxide $O_2^{\cdot-}$. Le nombre n d'électrons échangés au cours de la réaction électrochimique, Ox. + ne- $\leftrightarrows$ Red., a été confirmé par voltampérométrie en régime de diffusion convective stationnaire à l'électrode disque tournant de carbone vitreux (**figure 4**). L'équation de Levich établit une relation entre le courant limite de diffusion (i_l, A/cm²) et la concentration en oxygène dissous dans la solution (Co_2, mol/cm³) telle que :

$$i_l = (0{,}620)nFADo_2^{2/3}\omega^{1/2}\upsilon^{-1/6}Co_2 \qquad (1)$$

Où n est le nombre d'électrons échangés, F la constante de Faraday (96500 C/mol), Do_2 (cm²/s) le coefficient de diffusion de l'oxygène dans la solution étudiée, υ la viscosité cinématique de la solution (cm²/s), A l'aire surfacique de l'électrode de travail (cm²) et ω la vitesse angulaire de rotation de l'électrode ($2\pi f/60$, s⁻¹).

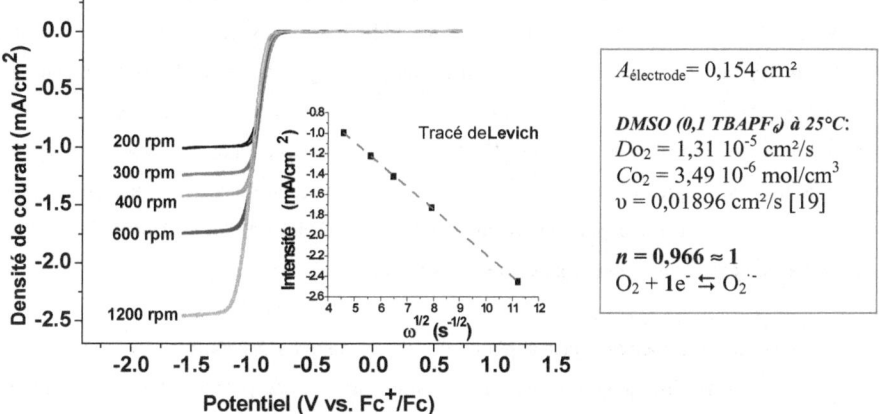

Figure 4. *Voltampérogrammes cycliques de la réduction de l'oxygène en régime de diffusion convective stationnaire à l'électrode disque tournant de carbone vitreux en fonction de la vitesse de rotation de l'électrode (T= 25°C, Po₂=1 atm, solution : DMSO 0,1M TBAPF₆, vitesse de balayage : 0,025 V/s). Insert : tracé de Levich, évolution du courant limite de diffusion en fonction de la racine carrée de la vitesse angulaire de rotation de l'électrode de travail.*

Le courant généré par cette méthode hydrodynamique est bien plus important que celui produit par la réduction de l'oxygène en régime de diffusion pure (voltampérométrie cyclique) et permet une mesure précise du courant limite de diffusion d'O_2. Aucun courant anodique n'est ici observé car la concentration en oxygène à la surface de l'électrode demeure bien plus importante que celle des ions superoxide électrogénérés.

	E_c (V vs. Fc^+/Fc)	E_a (V vs. Fc^+/Fc)	E^0 (V vs. Fc^+/Fc)	ΔE_p (V)	i_c (mA/cm²)	i_a (mA/cm²)	i_a/i_c
CP	-1,39	-1,09	-1,24	0,30	-1,49	0,70	0,47
DMF	-1.54	-1.17	-1,35	0,37	-2.72	2,70	0,99
ACN	-1,51	-0,90	-1,20	0,61	-2,94	2,78	0,95
DMSO	-1,36	-1,03	-1,19	0,33	-0,96	0,91	0,95

Table 1. *Propriétés électrochimiques de la réduction de l'oxygène sur une électrode disque plan de carbone vitreux dans divers solvants polaires aprotiques (E_c potentiel de la vague cathodique, E_a potentiel de la vague anodique, E^0 potentiel normal du couple électrochimique O_2/O_2^- ($\frac{E_a + E_c}{2}$), ΔE_p séparation des vagues associées aux processus rédox, i_c courant cathodique, i_a courant anodique et i_a/i_c rendement Coulombique de la réaction réversible). Vitesse de balaye : 0,1 V/s. Sel support : $TBAPF_6$ (0,1M).*

Les propriétés électrochimiques du couple O_2/O_2^- en fonction du solvant sont listées dans la **table 1**. Le potentiel normal E^0 dépend du degré de solvatation de O_2^- puisque l'énergie de solvatation d'une molécule neutre telle que l'oxygène moléculaire demeure approximativement constante indépendamment du milieu [4]. Parce que l'anion possède une charge négative, son degré de solvatation va augmenter avec le nombre accepteur, ou acidité, du milieu dans lequel il est généré [17,18]. Ainsi, le potentiel normal évoluera vers des valeurs plus anodiques (moins négatives) avec l'augmentation du nombre accepteur. Dans notre étude, le nombre accepteur augmente dans la série DMF<CP<ACN<DMSO [18,26], en accord avec nos valeurs mesurées de potentiels rédox.

Les deux paramètres expérimentaux d'intérêt extraits de ces courbes intensité-potentiel sont le rapport des intensités (i_a/i_c) et la séparation des pics de potentiel liés aux processus électrochimiques ($\Delta E_p = E_a - E_c$) [19].

- Un rapport des intensités proche de l'unité indique que le produit de réduction de l'oxygène est stable et peut être réversiblement oxydé afin de régénérer l'oxygène. Nos résultats démontrent qu'un solvant est réactif vis-à-vis de l'ion superoxide : le carbonate de propylène ($i_a/i_c = 0,47$). L'ion superoxide joue le rôle de nucléophile et attaque le carbone de la fonction carbonyle de l'ester [20,21,22]. Rappelons que ce même solvant fut utilisé précédemment pour nos tests sur électrode à air en batteries lithium-air anhydres. L'augmentation de la vitesse de balayage réduit cependant la durée de vie de l'ion superoxide et limite ainsi sa réaction avec le solvant. L'obtention d'un voltampérogramme parfaitement symétrique à la vitesse de balayage de 1 V/s confirme cela (**figure 5(a)**). En comparaison, un solvant stable tel que le DMSO conserve un rapport des intensités égal à 1, même à des vitesses de balayage faibles (30 mV/s, **figure 5(b)**) où la durée de vie des superoxides est étendue.

- La séparation des vagues associées aux réactions électrochimiques est une indication des cinétiques du transfert de charge et de la nature du système étudié. Pour un processus monoélectronique (n=1), un système électrochimique est dit de « rapide » lorsque ΔE_p= $2,3RT/nF$= 0,059 V à 25°C. Ici nos valeurs expérimentales (0,3 V < ΔE_p < 0,6 V) confirment bien les faibles cinétiques liées aux réactions de l'oxygène. De plus, le potentiel E_c de réduction de l'oxygène dépend de la vitesse de balayage (**figure 5**), caractéristique typique des systèmes limités cinétiquement. On qualifiera le couple O_2/O_2^{-} de système « quasi-rapide », voire « lent » dans le cas de l'acétonitrile.

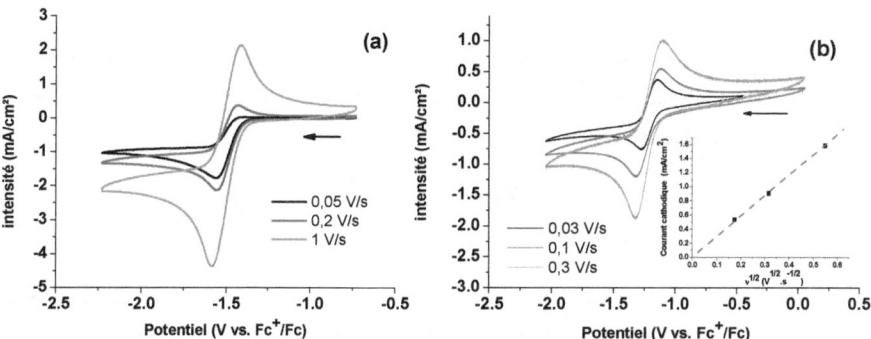

Figure 5. *Voltampérogrammes cycliques de la réduction de l'oxygène à l'électrode de carbone vitreux dans (a) le CP et (b) le DMSO en fonction de la vitesse de balayage, insert : variation du courant cathodique i_c avec la vitesse de balayage. (T= 25°C, sel support : TBAPF$_6$ 0,1M, P$_{O_2}$= 1 atm). Mise en évidence de la réactivité de l'ion superoxide vis-à-vis du carbonate de propylène.*

Dans tous les cas, la réduction de l'oxygène en milieu polaire aprotique est un processus limité par la diffusion de l'oxygène vers la surface de l'électrode. La variation linéaire du courant de réduction avec la racine carrée de la vitesse de balayage et passant par l'origine en témoigne (**figure 5(b) insert**) [19]. En vue d'une application en batteries lithium-air, nous avons voulu estimer le coefficient de diffusion ainsi que la solubilité de l'oxygène moléculaire dans une gamme de solvants par des méthodes électrochimiques classiques.

1.3 Evaluation de la diffusivité et de la solubilité de l'oxygène dans différents solvants aprotiques

Dans cette étude, la concentration en oxygène dissous C_{O_2} ainsi que son coefficient de diffusion D_{O_2} ont été déterminés par chronoampérométrie sur électrode disque plan (carbone vitreux) et par voltampérométrie stationnaire sur ultra microélectrode disque plan (fibre de carbone) [23,6]. Cellule électrochimique et conditions expérimentales sont identiques à celles reportées en sections 1.3.3 a) du chapitre 2 et 1.2.2 de ce chapitre.

L'aire surfacique des deux électrodes de travail est mesurée avant chaque expérience en utilisant une solution standard de calibration contenant du ferrocène (**figure 6**). Dans le cas de l'électrode disque plan, lorsque qu'une surtension (positive ou négative en fonction du type de réaction[f] à conduire) suffisamment élevée est appliquée, le courant est inversement proportionnel à la racine carrée du temps selon l'équation de Cottrell. Cette équation s'applique aux processus rédox réversibles dont le courant est contrôlé par la diffusion (ici le couple ferrocène/ion ferrocénium, puis dans notre étude le couple O_2/O_2^{-}), dans l'hypothèse d'une diffusion linéaire semi-infinie et perpendiculaire à la surface de l'électrode :

$$i(t) = \frac{nFAD^{1/2}C}{\pi^{1/2}t^{1/2}} \qquad (2)$$

Où A est l'aire surfacique de l'électrode, $n=1$ électron échangé, D et C le coefficient de diffusion et la concentration respectifs du ferrocène dans la solution de calibration. Le courant stationnaire i_{ss} pour l'ultra microélectrode ayant le rayon r_0 est, quant à lui, obtenu à partir de l'équation suivante :

$$i_{ss} = 4nFDCr_0 \qquad (3)$$

La connaissance des valeurs de coefficient de diffusion et de concentration pour la solution de ferrocène[g] à partir du tracé de Cottrell $i = f(1/t^{1/2})$, déduit de l'**équation 2 (figure 6(a))** et dérivé du chronoampérogramme ainsi que du courant stationnaire i_{ss} sur ultra microélectrode mesuré expérimentalement (**figure 6(b)**), nous a permis d'obtenir respectivement l'aire surfacique $A = 5,5 \ 10^{-3}$ cm² de l'électrode de carbone vitreux et le rayon $r_0 = 5,4 \ 10^{-4}$ cm de l'ultra microélectrode en fibre de carbone.

---

[f] Oxydation ou réduction, respectivement.
[g] 10^{-3} M de ferrocène dissous dans une solution d'acétonitrile/TBABF$_4$ (0,5M). $D_{ferrocène}$ (25°C)= 1,7 10^{-5} cm²/s [19].

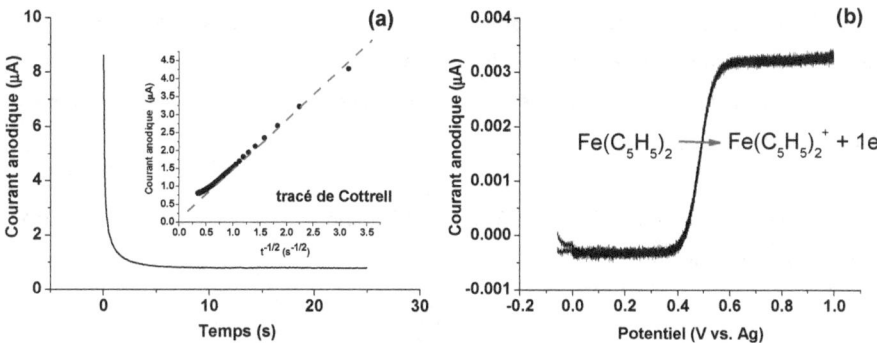

Figure 6. *(a) Chronoampérogramme d'une électrode disque plan de carbone vitreux (surtension anodique : +0,6 V vs. Ag, durée : 20s, insert : tracé de Cottrell) et (b) Voltammogramme stationnaire d'une ultra microélectrode en fibre de carbone (vitesse de balayage : 0,01 V/s, fenêtre de balayage [0;+1V vs. Ag]) dans une solution aérée de $10^{-3}M$ de Ferrocène, ACN/TBABF$_4$ (0,5M) à 25°C.*

Ainsi, en utilisant les équations **(2)** et **(3)**, le coefficient de diffusion D_{O_2} et la solubilité C_{O_2} de l'oxygène dans différents solvants organiques ont pu être évalués à partir des valeurs expérimentales $D^{1/2}C$ et DC **(figure 7)**.

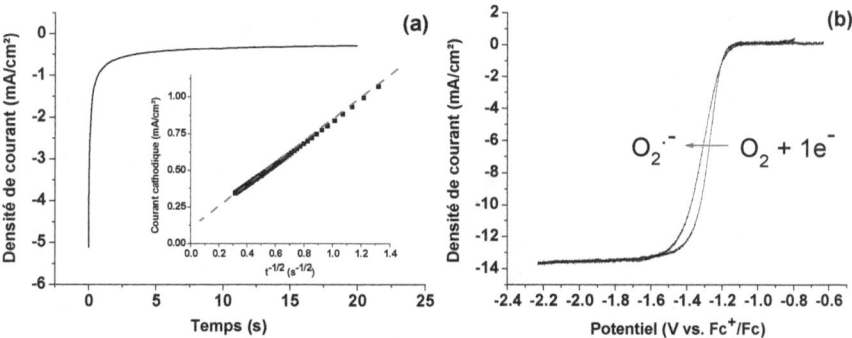

Figure 7. *(a) Chronoampérogramme à l'électrode disque plan de carbone vitreux (A= 5,5 10^{-3} cm², surtension cathodique :-2V vs. Ag, durée : 20s, insert : tracé de Cottrell) et (b) voltampérogramme stationnaire d'une ultra microélectrode en fibre de carbone (r_0= 5,4 10^{-4} cm, vitesse de balayage : 0,01 V/s, fenêtre de balayage [0;-1,75 V vs. Ag]) décrivant la réduction d'O_2 (P_{O_2}= 1 atm) dans le DMSO (0,1 M TBAPF$_6$) à 25°C.*

La **table 2** résume les différents résultats obtenus en étendant la méthode à toute une série de solvants potentiellement utilisables dans les systèmes lithium-air non aqueux. Des paramètres physico-chimiques tels que les points de fusion et d'ébullition, la constante diélectrique et la fenêtre de stabilité électrochimique ont également été considérés lors du choix des différents candidats.

La relation de Stokes-Einstein décrit la diffusion d'une particule dite « sphérique » dans un milieu liquide :

$$D = \frac{k_b T}{6\pi\eta r} \qquad (4)$$

Où D est le coefficient de diffusion (cm²/s), k_b la constante de Boltzmann (1,380 10^{-23} J/K), T la température absolue (K), η la viscosité dynamique (cP ou 10^{-3} Pa.s) et r le rayon apparent de la molécule considérée (cm). Ainsi, la diffusivité de l'oxygène dans le milieu est inversement proportionnelle à la viscosité du solvant ce qui est en accord avec nos résultats expérimentaux (**figure 8**).

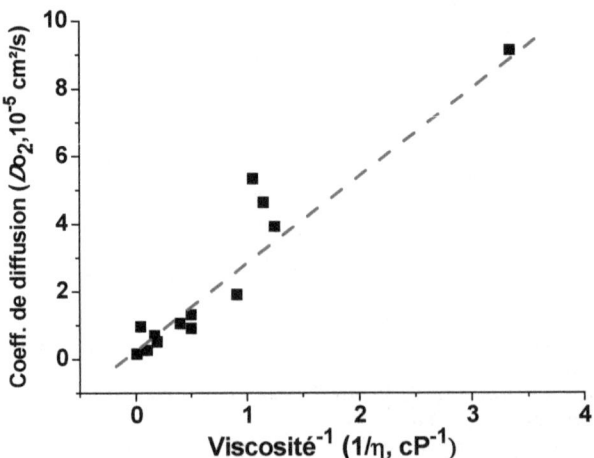

Figure 8. *Evolution du coefficient de diffusion de l'oxygène avec la viscosité du solvant (points expérimentaux obtenus par la méthode couplée chronoampérométrie/voltampérométrie stationnaire sur macro et ultra microélectrodes, respectivement) et suivant la relation de Stokes-Einstein D=f(1/η).*

Solvant	Formule	Do_2 $(10^{-5} cm^2/s)$	Co_2 $(10^{-3} mol/L)$	Viscosité (η, cP)
Acétonitrile	H_3C——$C\equiv N$	9,13	6,60	0,3
Diméthylformamide		3,92	5,55	0,8
Diméthylacétamide		5,34	6,26	0,95
3-Méthoxypropionitrile		1,91	10,3	1,1
Carbonate de propylène		1,06	6,63	2,5
Diméthylsulfoxyde		1,31	3,49	2,0
γ-Valérolactone		0,91	14,1	2,0
Glutaronitrile		0,51	9,15	5,3
Adiponitrile		0,70	6,03	6,0
Sulfolane		0,26	5,15	10,0 (30°C)
Diméthyle sulfite		4,64	17,1	0,87
Méthyle propyle pipéridinium-Bis(fluorosulfonyl)imidure (MPPi-FSI)		0,16	5,88	117
Ethyle méthyle imidazolium-Bis(fluorosulfonyl)imidure (EMIm-FSI)		0,96	4,30	24,5

Table 2. *Formule, coefficient de diffusion Do_2, solubilité Co_2 et viscosité [24] pour différents solvants organiques (25°C, $Po_2 = 1$ atm, sel support : $TBAPF_6$ 0,1 M). Aucun sel support n'est ajouté pour les mesures électrochimiques sur les liquides ioniques MPPiFSI et EMImFSI.*

La viscosité d'un liquide est elle-même directement proportionnelle à la température. La **figure 9** démontre que les performances électrochimiques des systèmes lithium-air non aqueux, capacité et tension délivrée en décharge, sont directement dépendantes du transport de matière active assuré par l'électrolyte.

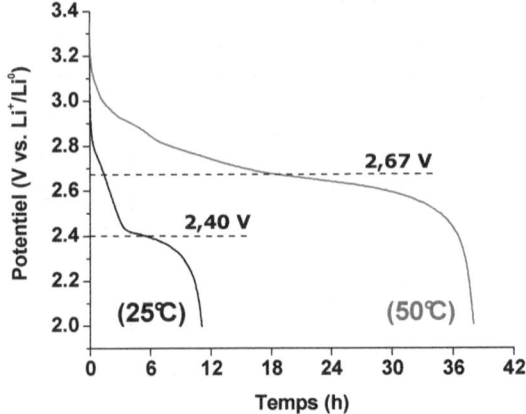

Figure 9. *Courbes de décharge d'une électrode à air dans le sulfolane en fonction de la température (LiPF₆ 1 M, i= 70 mA/g_{carbone}, Po₂= 1 atm, Carbone SP/α-MnO₂/liant 25/42/33%) et tension moyenne délivrée à 50% de la profondeur de décharge.*

Nous avons pris l'exemple du sulfolane, solvant stable en présence du couple $O_2/O_2^{\cdot-}$ mais très poisseux (D_{O2}= 2,6 10^{-6} cm²/s à 25°C, **table 2**) dû un point de fusion élevé (i.e. 27,5°C), dans lequel nous avons déchargé deux électrodes à air issues d'un même film plastique à deux températures différentes (25 et 50°C). La réduction de la viscosité à 50°C permet un meilleur transport de l'oxygène en accord avec l'**équation 4**. Ces conclusions rejoignent celles du chapitre précédent où nous avions démontré que la porosité et notamment la structuration de cette dernière dans l'électrode affectaient la capacité et la tension délivrable des batteries lithium-air d'où à nouveau le rôle du transport de matière.

Cette méthode de détermination des propriétés de transport s'est avérée relativement utile dans la sélection de solvants pour batteries lithium-air (**figure 10**). De plus, nous avons pu coupler la chronoampérométrie sur électrode carbone vitreux à la voltampérométrie cyclique et ainsi évaluer directement la stabilité de chaque solvant (i.e. réversibilité du voltampérogramme) en présence de l'ion superoxide généré par la réduction d'O_2. Outre la réactivité vis-à-vis des formes réduites de l'oxygène, la compatibilité du solvant avec l'électrode de lithium fut également un critère de sélection en vue d'un test en cellules lithium-air anhydres.

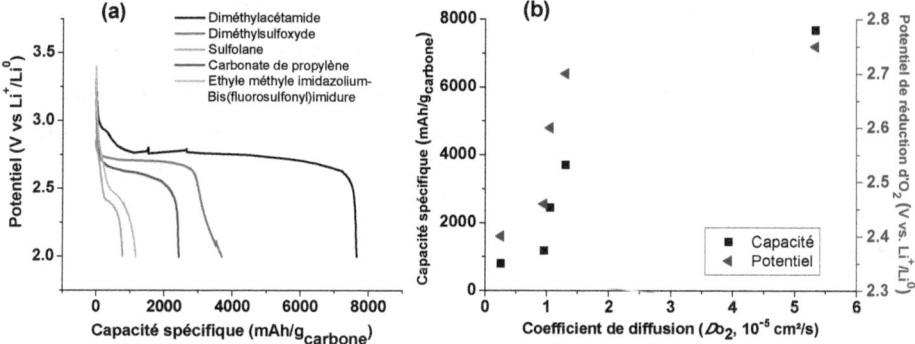

Figure 10. *(a) Courbes galvanostatiques de première décharge d'électrodes à air en fonction du type d'électrolyte organique (carbone SP/α-MnO₂/liant 25/42/33%, 25°C, sel support : LiPF₆ 1 M et LiFSI 0,2 M (EMImFSI), Po₂= 1 atm, i= 70 mA/g_carbone). (b) Variation de la capacité spécifique de l'électrode à air et du potentiel de réduction de l'oxygène en fonction de la diffusivité d'O₂ dans le solvant.*

Les résultats obtenus en configuration lithium-air sur électrodes poreuses (**figure 10(a)**) confirment la tendance que nous avions observée avec les électrodes planaires, une meilleure diffusivité d'O_2 dans l'électrode résultant en une augmentation de la capacité et du potentiel de réduction de l'oxygène (**figure 10(b)**).

1.4 Conclusions

La modélisation des réactions électrochimiques de l'oxygène en milieu aprotique sur électrodes planaires nous a permis de mettre en évidence le mécanisme primaire de la réduction d'O_2 en ion superoxide ainsi que l'importance des propriétés de solvatation et de transport de la matière. En outre, nous avons vu que les valeurs du potentiel normal (E^0) et de la séparation des pics rédox (ΔE_p) du couple $O_2/O_2^{\cdot-}$ dépendaient de la nature du solvant et du degré de solvatation de l'anion superoxide.

L'acidité du milieu électrolytique, mesurée par le nombre accepteur, influence particulièrement les mécanismes liés aux réactions de l'oxygène. Elle peut rapidement évoluer avec la nature du sel support employé. Les sels d'ammonium quaternaire (e.g. $TBA^+PF_6^-$)

utilisés au cours de nos études électrochimiques favorisent un processus monoélectronique réversible. Ceci peut être interprété en termes d'interactions acido-basiques selon la théorie de Pearson [25] dont nous avions brièvement introduit la notion au chapitre précédent. Le cation TBA^+ possède les caractéristiques d'un acide « mou » (i.e. faible) de Lewis. L'anion superoxide est une base « mole » faisant ainsi du complexe $TBA^+O_2^{\cdot-}$ une paire d'ions très stable en solution (interaction « mou-mou », favorisée). Dans les systèmes lithium-air cependant, l'électrolyte est un sel de lithium dissous (e.g. $Li^+PF_6^-$) dans des solvants polaires aprotiques. Le cation Li^+ est réputé pour être un acide « dur » (i.e. fort) de Lewis. Ainsi, le complexe $Li^+O_2^{\cdot-}$ correspond à une interaction dur-mou qui cette fois, selon Pearson, mène à un produit fortement instable en solution.

Basés sur de tels principes, nous verrons par la suite quelles sont les conséquences d'une telle réactivité sur les mécanismes liés à la réduction de l'oxygène dans les systèmes contenant des ions lithium, communs aux électrolytes des batteries lithium-air non-aqueuses.

2 Devenir de l'ion superoxide dans les systèmes à base d'ions lithium

2.1 Etude du mécanisme de réduction de l'oxygène

2.1.1 Effet de l'addition d'acides de Lewis

Afin de comprendre les mécanismes liés à la décharge d'une batterie $Li-O_2$ non-aqueuse, nous avons reconduit notre étude par voltampérométrie cyclique de la réduction de l'oxygène sur électrode planaire. Cette fois-ci, nous avons progressivement ajouté des ions lithium[h] à la solution électrolytique : carbonate de propylène/$TBAPF_6$ (0,1 M).

La **figure 11** retrace l'évolution des voltampérogrammes cycliques en fonction de la concentration d'ions lithium dans le milieu. Notons que les mesures furent réalisées à une vitesse de balayage de 1 V/s afin de limiter la réaction parasite entre les ions superoxide et le solvant. Le voltampérogramme (a) possède une forme identique à ce que nous avions observé

---

[h] En dissolvant un sel de lithium $LiPF_6$ à différentes concentrations.

et décrit plus tôt dans ce chapitre, à savoir deux vagues correspondant à la réaction réversible $O_2 + e^- \leftrightarrows O_2^{\cdot-}$. Dans ce cas, la paire d'ions $TBA^+O_2^{\cdot-}$ est soluble. Dès lors que nous ajoutons des ions lithium (voltampérogrammes b-c-d), la vague d'oxydation (courants positifs) disparaît. Ceci indique que les ions superoxide électrogénérés lors de la réduction d'O_2 réagissent avec les ions lithium pour former une espèce chimique intermédiaire LiO_2. Il y a dans ce cas transfert électronique de la base de Lewis vers l'acide et création d'une liaison chimique. Il s'agit donc ici d'un processus de type EC (électrochimique-chimique) que nous pouvons écrire :

$$O_2 + e^- \rightarrow O_2^{\cdot-} \qquad E$$
$$O_2^{\cdot-} + Li^+ \rightarrow LiO_2 \qquad C$$

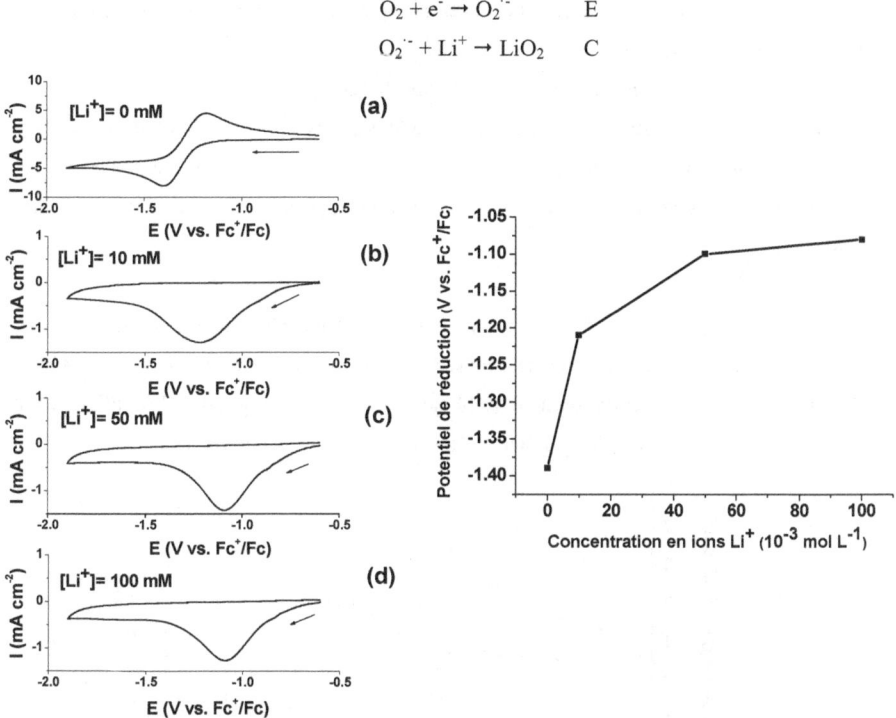

Figure 11. *Voltampérogrammes cycliques illustrant l'effet de l'addition d'ions lithium sur la réduction de l'oxygène dans le carbonate de propylène (vitesse de balayage : 1 V/s, électrode de travail : carbone vitreux disque plan, sel support : $TBAPF_6$ 0,1 M) : (**a**) solution sans lithium, (**b**) avec $[Li^+]$=0,01 M, (**c**) $[Li^+]$=0,05 M et (**d**) $[Li^+]$=0,10 M. Evolution du potentiel de réduction de l'oxygène en fonction de la teneur en ions lithium.*

La diminution rapide du courant faradique vers des valeurs de courant résiduel (i.e. proches de zéro) au-delà de la vague cathodique indique que le produit LiO_2 est beaucoup moins soluble que $TBAO_2$ et passive l'électrode de travail. La solubilité des produits de réaction dépend donc de l'acidité du cation employé et de l'interaction acide-base (i.e. force de la liaison de coordination) avec O_2^{-}. Un acide fort aura tendance à former une liaison ionique avec l'anion superoxide alors qu'un acide faible interagira simplement en paire d'ions. La rechargeabilité (i.e. la réversibilité) des systèmes lithium-air dépend donc de la nature de l'électrolyte support ainsi que de l'habilité des solvants à dissoudre les produits de réaction.

De plus, nous observons un déplacement du pic de réduction de l'oxygène vers des valeurs de plus en plus élevées lorsque la concentration en ions lithium augmente. Selon la loi de Nernst, nous pouvons écrire :

$$E = E^0(O_2/O_2^{-}) + (RT/nF) \ln [O_2]/[O_2^{-}]$$

Ainsi, lorsque la concentration en Li^+ augmente, celle des ions superoxide « libres » diminue, ce qui correspond donc à un potentiel plus élevé. Nous pouvons également interpréter cela en termes d'acidité, plus la quantité d'ions lithium augmente, plus le milieu devient accepteur [18,26].

Nous avons par la suite répété ces expériences en changeant la nature du solvant ainsi que celle du cation métallique. Pour cela nous avons successivement dissous les sels KPF_6, $NaPF_6$ et $LiPF_6$ à une concentration de 0,05 M dans une solution acétonitrile/$TBAPF_6$ (0,1M) et étudié la réduction de l'oxygène à l'électrode de carbone vitreux (**figure 12**).

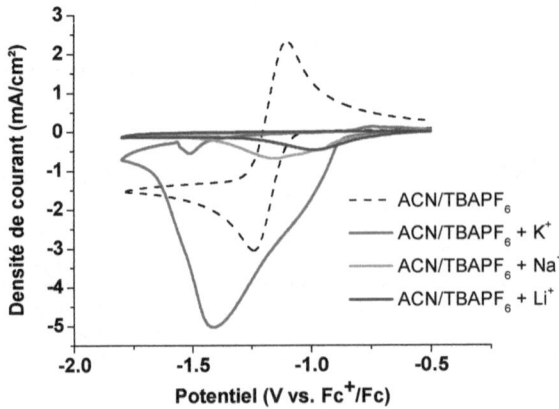

Figure 12. *Voltampérogrammes cycliques de la réduction de l'oxygène dans l'acétonitrile à l'électrode disque plan de carbone vitreux et effet de la nature du cation sur la réversibilité du couple électrochimique O_2/O_2^{-} (vitesse de balayage : 0,1 V/s, sel support : TBAPF$_6$ 0,1 M, concentration des sels de métaux alcalins ajoutés : 0,05 M).*

L'apparition de voltampérogrammes irréversibles fut à nouveau observée dans l'acétonitrile en variant la nature du cation alcalin, confirmant l'existence d'un processus EC indépendant de la nature du solvant en présence d'acides de Lewis. Cependant, cette acidité varie avec la taille du cation. Plus l'ion est gros et plus sa densité de charge est faible. Ainsi, lorsque nous descendons dans la colonne des métaux alcalins, le rayon ionique augmente et l'acidité diminue. Par conséquent, la force de la liaison ionique dans le complexe $[A^+\text{-}O_2^{\cdot-}]$ diminue dans la série $A^+ = Li^+ > Na^+ > K^+ (> TBA^+)$. Ceci a pour conséquences (1) de déplacer le pic de réduction de l'oxygène vers des potentiels plus négatifs lorsque nous évoluons du lithium au potassium (**table 3**) et (2) d'affecter la réversibilité de la réaction. L'augmentation du courant cathodique en suivant la même tendance illustre l'importance de l'interaction cation-ion superoxide. Une interaction plus faible (i.e. acide faible-ion superoxide, e.g. K^+-$O_2^{\cdot-}$) conduit à un produit plus soluble et ainsi à une passivation moins rapide de l'électrode. Dans le cas du potassium par exemple, nous pouvons observer un pic réversible en oxydation ($E_a \approx$ -0,7 V vs Fc^+/Fc). Certes d'intensité très faible, ce dernier indique qu'une certaine réversibilité peut être observée en présence d'ions potassium, moins acides que les ions lithium. Notons au passage que dans le cas du potassium, le processus électrochimique semble consommer deux électrons[i] pour former la forme peroxyde K_2O_2 **[27]**.

Sel support ($A^+PF_6^-$)	TBA^+	K^+ ($+TBA^+$)	Na^+ ($+TBA^+$)	Li^+ ($+TBA^+$)
E_c (V vs. Fc^+/Fc)	-1,24	-1,16	-1,15	-0,97
Rayon ionique (Å) [27,28]	4,94	1,40	1,16	0,90

Table 3. *Potentiel de réduction de l'oxygène correspondant au processus EC : $O_2 + e^- + A^+ \rightarrow AO_2$ ($[TBA^+]= 0,1M$; $[K^+]=[Li^+]=[Na^+]=0,05M$, vitesse de balayage= 0,1 V/s) à l'électrode disque plan de carbone vitreux dans l'acétonitrile.*

L'ion superoxide électrogénéré est une espèce paramagnétique puisque qu'elle possède un électron célibataire (non apparié). Nous avons détecté sa présence par résonnance paramagnétique électronique (RPE), méthode couramment employée afin de caractériser les espèces radicalaires. A l'aide d'une cellule électrochimique adaptée (**figure 13**), nous avons pu coupler électrochimie en solution et spectroscopie. L'expérience consiste à réduire électrochimiquement, par imposition d'une surtension négative, l'oxygène afin de générer les ions superoxide. Les résultats sont décrits sur la **figure 13**.

---

[i] On observe deux vagues cathodiques de hauteur équivalente (i.e. ≈ nombre d'électrons échangés, ici n=1).

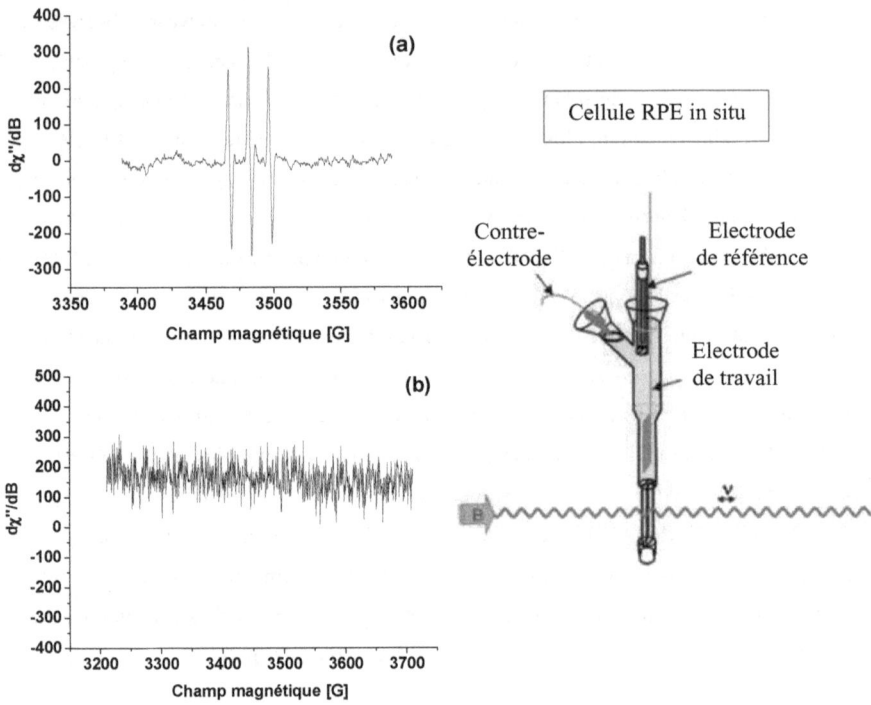

Figure 13. *Etude in situ RPE à température ambiante de la réduction de l'oxygène à l'électrode de platine (contre-électrode : platine, électrode de référence : Ag/AgCl/KCl saturé, surtension négative appliquée= -0,9 V vs. Réf., Po₂= 1 atm) dans* **(a)** *une solution TBAPF₆ (0,1M)/acétonitrile et* **(b)** *LiPF₆ (0,1M)/acétonitrile. Aucun piégeur de spin (e.g. 5,5-diméthyl-pyrroline N-oxyde DMPO) n'est ici employé.*

D'après la configuration de notre cellule *in situ*, seules les espèces solubles contenant l'ion superoxide peuvent être détectées dans la fenêtre RPE puisque celle-ci se trouve en dessous de l'électrode de travail. Ainsi, sur le spectre (a), nous pouvons observer un signal caractéristique de l'adduit TBA⁺O₂˙⁻ qui, comme nous l'avions décrit auparavant, est un produit stable et soluble dans l'acétonitrile. *A contrario*, sur le spectre (b) où nous avons remplacé le cation TBA⁺ par un cation Li⁺, aucun signal paramagnétique ne fut observé, confirmant bien que LiO₂ n'existe pas en solution mais va précipiter à la surface de l'électrode.

Le superoxide de lithium LiO₂ possède une stabilité relative qui dépend du milieu dans lequel il est généré. Cette espèce aura tendance à se décomposer pour donner un produit plus stable tel que le peroxyde (Li_2O_2) ou oxyde (Li_2O) de lithium selon le chemin réactionnel [29]:

$$O_2 + e^- \rightarrow O_2^{\cdot -} \xrightarrow{Li^+} LiO_2 \rightarrow 1/2Li_2O_2 + 1/2O_2 \qquad (5)$$

En effet, les anions peroxyde O_2^{2-} et oxyde O^{2-} possèdent une densité de charge plus élevée. Ces espèces sont par conséquent considérées comme des bases dures de Lewis. La formation d'un complexe « dur-dur » avec l'ion Li^+ de l'électrolyte va donc être thermodynamiquement favorisé.

L'acidité des ions lithium dans les milieux polaires aprotiques tels que ceux des systèmes lithium-air est modulée par les effets de solvatation, i.e. la force de la liaison de coordination Li^+-solvant. Plus le pouvoir « donneur » [18], ou basicité, du solvant augmente et plus le cation Li^+ sera solvaté et donc plus « mou », augmentant ainsi la stabilité du superoxide de lithium. Dans de tels électrolytes, un couple réversible $O_2/O_2^{\cdot -}$ pourrait alors être observé en présence d'ions lithium. Dans les solvants à faible basicité, i.e. faible pouvoir donneur, le cation Li^+ sera plus « dur » car moins solvaté, engendrant la décomposition rapide du superoxide de lithium en forme peroxyde. Ainsi, la préparation de solvants à très faible pouvoir donneur devrait pouvoir permettre la réduction complète ($4e^-$) de l'oxygène en ion oxyde O^{2-}, ce qui aurait pour effet d'augmenter considérablement la capacité des batteries lithium-air.

Nous allons à présent tenter de démontrer le mécanisme par lequel le superoxide de lithium se décompose pour donner le produit final de réduction d'O_2 dans les batteries lithium-air anhydres.

2.1.2 Mise en évidence du mécanisme de dismutation de LiO_2

Reprenant nos méthodes électrochimiques d'analyse, nous avons étudié la réduction de l'oxygène dans une solution contenant des ions lithium et un solvant chimiquement stable tel que l'acétonitrile. En employant la spectroscopie Raman de surface améliorée *in situ* (Surface-Enhanced Raman Spectroscopy), nous allons démontrer que, durant la réduction de l'oxygène (i.e. la décharge de la batterie), Li_2O_2 est généré via la croissance puis la dismutation du superoxide de lithium à la surface de l'électrode.

Les voltampérogrammes cycliques de la réduction de l'oxygène dans l'acétonitrile à différentes concentrations en ions lithium sont représentés sur la **figure 14**. L'électrode de travail est en or puisque ce même matériau est utilisé pour réaliser les mesures *in situ* de spectroscopie Raman. Nous avons directement reporté les valeurs de potentiel en fonction du couple Li^+/Li^0 en mesurant le potentiel normal du couple Fc^+/Fc dans un mélange CE/CDM par rapport à un fil de lithium utilisé comme électrode de référence.

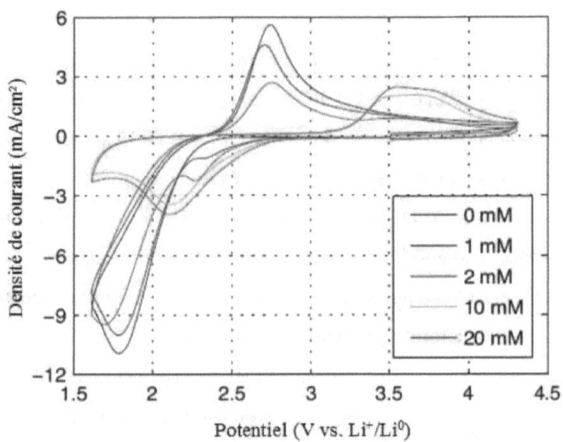

Figure 14. *Voltampérogrammes cycliques de la réduction de l'oxygène sur électrode d'or dans l'acétonitrile (TBAClO₄ 0,1M) contenant différentes concentrations d'ions lithium (LiClO₄). Vitesse de balayage : 1 V/s.*

Similairement aux précédents résultats obtenus dans le carbonate de propylène et sur électrode de carbone vitreux, l'addition progressive d'un acide fort de Lewis rend le processus global fortement irréversible. L'apparition de la vague cathodique devient de plus en plus positive au fur et à mesure que le milieu devient de plus en plus accepteur d'anions. La disparition progressive du pic de réoxydation des ions superoxides « libres » (≈2,75 V) laisse place à deux nouveaux pics d'oxydation dans la région 3,25-4 V (courbes orange et rouge). L'existence de deux pics anodiques résultant d'un seul pic cathodique (≈ 2,15 V) est la preuve formelle que le processus de réduction de l'oxygène dans les électrolytes à base d'ions lithium comporte deux étapes, comme décrit dans l'**équation 5** (i.e. deux produits). Afin de vérifier la présence d'un mécanisme de dismutation d'une espèce instable (i.e. LiO_2) en une espèce plus stable (i.e. Li_2O_2) lors de la réduction d'O_2 et d'attribuer chacun de ces pics, nous avons conduit l'expérience électrochimique suivante. Une série de voltampérogrammes cycliques furent enregistrés à l'électrode d'or dans une solution LiClO₄ (0,1M)/CH₃CN saturée en oxygène et les différents balayages anodiques (dans le sens de l'oxydation) obtenus sont présentés sur la **figure 15**. Chaque voltampérogramme fut enregistré en balayant d'abord depuis le potentiel à circuit ouvert (OCP $\approx$ 3,2 V) vers le potentiel cathodique de coupure de 2 V résultant en la formation des produits LiO_2 et Li_2O_2. Lors du balayage de retour, le potentiel fut maintenu à hauteur de l'OCP pendant différentes périodes correspondant à des temps de pause, avant de compléter le balayage anodique. Nous avons ainsi pu observer l'évolution de la hauteur des pics d'oxydation respectifs en fonction du temps de pause. Rappelons que l'intensité d'une vague correspondant à un processus faradique est proportionnelle à la concentration de l'espèce électroactive. Ainsi, plus l'espèce tend à disparaître et plus sa vague d'oxydation associée va perdre en intensité. Ici, l'augmentation du temps de pause engendre la diminution du premier pic d'oxydation au profit du second. Par conséquent, en suivant le sens de la réaction de dismutation : $2LiO_2 \rightarrow Li_2O_2 + O_2$, le premier pic (3,55 V) peut être attribué à la décomposition de LiO_2 alors que le second (3,75 V) correspond à la décomposition de Li_2O_2. L'aire présente sous chacun des deux pics fut mesurée par déconvolution et utilisée pour calculer la constante de vitesse de la réaction de dismutation. Une valeur de $k= 2,9 \ 10^{-3} \ s^{-1}$ fut ainsi obtenue [29].

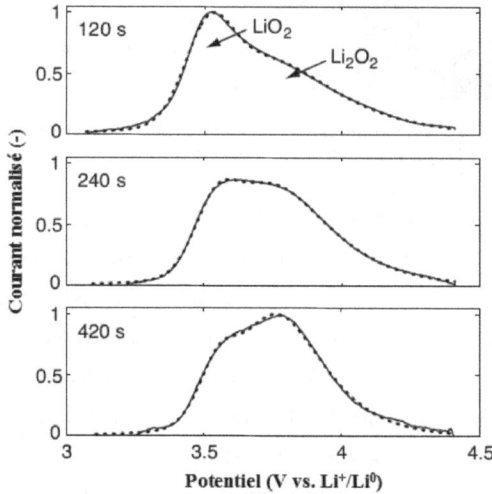

Figure 15. *Courbes voltampérométriques associées à l'oxydation des produits de réaction de réduction de l'oxygène à l'électrode d'or dans une solution CH₃CN/LiClO₄ (0,1M) en fonction du temps de pause appliqué au potentiel correspondant à l'OCP. Le potentiel fut au préalable balayé négativement (3,2-2V) afin de générer les produits de réduction. Vitesse de balayage : 1 V/s.*

A l'aide d'une cellule électrochimique (**figure 16**) équipée d'une fenêtre en saphir permettant de focaliser le faisceau laser sur la surface de l'électrode de travail, nous avons pu enregistrer différents spectres Raman à un potentiel de réduction maintenu constant pendant plusieurs minutes, permettant ainsi à la réaction de dismutation de prendre place (plus de détails sur le mode opératoire seront fournis dans l'**Annexe C**). Les résultats obtenus par spectroscopie Raman *in situ* sont présentés sur la **figure 17**. Cette technique permet également de rendre compte de la durée de vie de l'espèce LiO_2 à la surface de l'électrode. Notons que la rugosité de cette dernière fut amplifiée grâce à un prétraitement électrochimique dans une solution de chlorure de potassium KCl à 0,1M et ceci dans le but d'exalter le signal Raman obtenu.

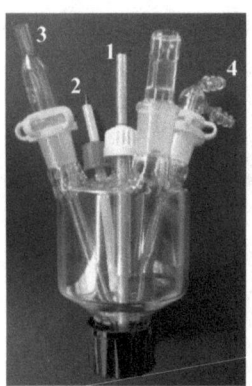
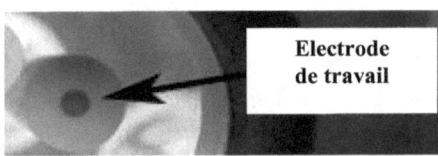

1. Electrode de travail : Pt, C vitreux ou Au ;
2. Contre-électrode : Pt
3. Electrode de pseudo-référence dans tube capillaire avec fritté : Ag
4. Entrée/sortie de gaz : O_2, N_2 ou Ar

Figure 16. *Représentation d'une cellule électrochimique 3-électrode permettant l'étude fondamentale des mécanismes électrochimiques propres aux systèmes lithium-air anhydres.*

Un premier spectre « de fond » fut enregistré à circuit ouvert avant l'application d'un potentiel à la cellule électrochimique, correspondant au solvant. La raie (1) à 918 cm^{-1} peut être attribuée à la liaison symétrique C-C de l'acétonitrile. Les spectres furent ensuite obtenus au potentiel de réduction de 2 V vs. Li^+/Li^0, valeur suffisamment négative pour engendrer la réduction complète de l'oxygène, et à différents intervalles de temps. Très rapidement, deux nouvelles raies (2 et 3) apparaissent. La plus prononcée correspond à un déplacement Raman situé à 1137 cm^{-1} et est associée à la vibration de la liaison O-O dans la molécule LiO_2 [30,31]. Une plus petite raie présente à 808 cm^{-1} correspond à la liaison peroxyde dans Li_2O_2 [32,33]. Au fil du temps, nous observons la raie correspondant au superoxyde de lithium (raie

2) progressivement disparaître. Seule la raie correspondant au produit final Li$_2$O$_2$ (raie 3) persiste.

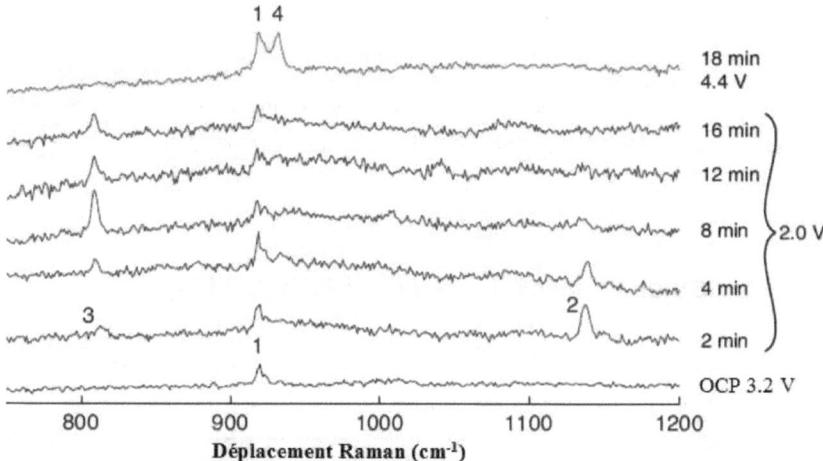

Figure 17. *Etude in situ par spectroscopie Raman de surface améliorée de la réduction électrochimique de l'oxygène à l'électrode d'or dans l'acétonitrile (LiClO$_4$ 0,1M). Spectres enregistrés à différents intervalles de temps et à un potentiel de réduction de 2 V vs. Li$^+$/Li^0 suivis d'un spectre enregistré au potentiel d'oxydation de 4,4 V. Attribution des raies : (1) liaison C-C de la molécule CH$_3$CN à 918 cm^{-1}, (2) liaison O-O de la molécule LiO$_2$ à 1137 cm^{-1}, (3) liaison O-O de la molécule Li$_2$O$_2$ à 808 cm^{-1} et (4) liaison Cl-O de l'ion ClO$_4^-$ à 931 cm^{-1}.*

Les différents spectres Raman confirment que la réduction d'O$_2$ en présence d'ion Li$^+$ dans un électrolyte non aqueux stable génère dans un premier temps l'ion superoxide qui forme une liaison ionique avec Li$^+$ formant ainsi le superoxide de lithium à la surface de l'électrode. Ces résultats mettent également en évidence l'instabilité de ce composé qui se dismute en un produit plus stable, i.e. le peroxyde de lithium.

La formation de deux vagues anodiques sur les voltampérogrammes cycliques des **figures 14** et **15**, représentatives des réactions liées à l'oxydation des formes superoxide et peroxyde de lithium, n'est observable qu'à l'échelle de temps très courts d'un voltampérogramme cyclique. Nos résultats expérimentaux couplés à la spectroscopie Raman indiquent que la forme LiO$_2$ a une durée de vie de l'ordre de la minute. Cette pseudo stabilité peut provenir du fait que LiO$_2$ est solide et que, par conséquent, la réaction de dismutation est plus lente que si ce dernier se trouvait à l'état de paire d'ions. Les réactions de décharge et de charge propres aux batteries lithium-air prennent place sur des intervalles de temps bien plus importants, par conséquent il est peu probable qu'une espèce telle que le superoxide de lithium soit identifiable lors de la charge de la batterie. Cependant, celui-ci pourrait être régénéré, comme intermédiaire, au cours de l'oxydation du peroxyde de lithium si la réaction de charge de la batterie se trouve être l'inverse de celle de décharge.

Afin de vérifier cela, nous avons donc étudié le mécanisme d'oxydation (i.e. de décomposition) du peroxyde de lithium lors de la charge d'une électrode de batterie lithium-air.

2.2   Etude du mécanisme d'oxydation de Li_2O_2

En examinant les spectres Raman de la **figure 17**, il apparaît évident qu'après la formation du produit de décharge Li_2O_2 (à 2 V), ce dernier peut être complètement oxydé si l'on se place à une valeur de potentiel suffisamment positive (ici à 4,4 V). Les seules raies visibles (1 et 4) dans une telle région de potentiels correspondent aux vibrations des liaisons dans la molécule de solvant et l'anion du sel support, absorbés à la surface de l'électrode. Le mécanisme global d'une batterie lithium-air implique donc la formation en décharge et la décomposition en charge du peroxyde de lithium. Cela bien entendu s'applique aux électrolytes stables tels que l'acétonitrile où aucune réaction parasite ne vient modifier les chemins réactionnels et la nature des produits formés. Par ailleurs, le spectre Raman à 4,4 V ne procure aucune évidence de l'existence d'un produit intermédiaire tel que LiO_2, indiquant que Li_2O_2 semble se décomposer directement sans passer par une espèce transitoire.

Afin d'examiner plus en profondeur ce point, nous avons étudié la charge d'une électrode à air contenant Li_2O_2 (i.e. construite à l'état déchargé, voir section 2.2.1.b), chapitre 2) par Spectrométrie de Masse Electrochimique Différentielle (DEMS, voir **Annexe C**) **[34]**. Pour cela, l'électrode fut placée dans une cellule électrochimique en contact avec une solution $CP/LiPF_6$ (0,1M) puis oxydée via différents paliers de courant. Les gaz produits purent ainsi être détectés et analysés par le spectromètre de masse. Le choix du carbonate de propylène comme électrolyte, malgré son instabilité, est ici justifié. En effet, celui étant réactif vis-à-vis de l'ion superoxide, la génération de ce dernier comme espèce transitoire dans le mécanisme de décomposition de Li_2O_2 impliquera une réaction secondaire avec le solvant et ainsi la possible génération de gaz provenant de la décomposition de sous-produits au cours de la charge de l'électrode.

Les résultats sont présentés sur la **figure 19**. Le potentiel de la cellule électrochimique augmente en réponse au courant imposé tout comme le signal détecté par le spectromètre de masse. Ce signal correspond au rapport masse/charge (*m/z*) de 32, indiquant que de l'oxygène sous forme gazeuse est produit par la réaction d'oxydation de l'électrode à air contenant Li_2O_2. Aucun autre gaz n'est détecté par l'appareil. Nous pensions notamment au dioxyde de carbone (CO_2, *m/z* =44) qui pourrait être généré à cause de la décomposition de l'électrolyte entraînant l'oxydation de carbonates durant la charge. Ainsi, il semblerait qu'aucune de ces espèces réactives ne soit formée lors de la charge, ce qui nous permet de conclure sur un mécanisme d'oxydation de Li_2O_2 en une seule étape telle que :

$$Li_2O_2 \rightarrow 2Li^+ + 2e^- + O_2$$

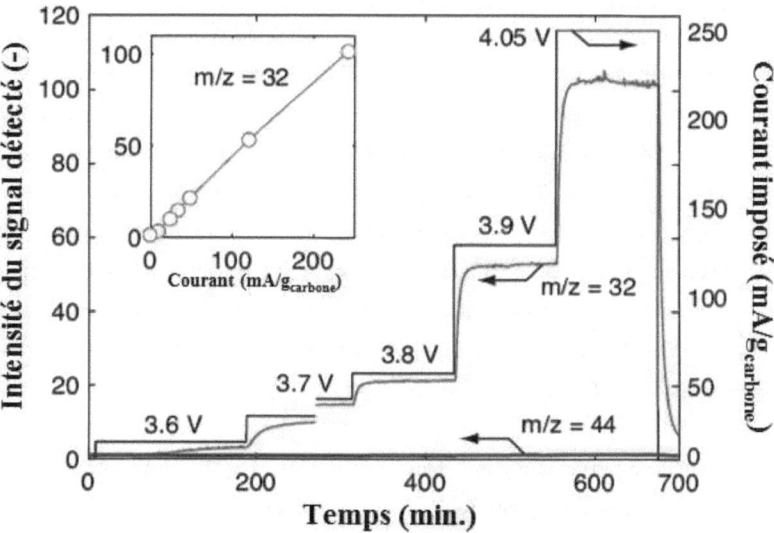

Figure 19. *Superposition des spectres de masse électrochimiques différentiels obtenus lors de l'oxydation d'une électrode à air conçue à l'état déchargé (carbone SP/α-MnO₂/PVdF-HFP/Li₂O₂/CP 10/17/13/10/50 wt%) dans une solution CP/LiPF₆ (0,1M). Evolution des rapports m/z= 32 (O₂) et m/z= 44 (CO₂) en réponse aux paliers de courant anodique imposés.*

2.3 Conclusions

En présence d'acides forts de Lewis, l'ion superoxide électrogénéré est rapidement consommé dans un processus chimique entraînant la formation d'une liaison ionique avec le cation métallique. La force de la liaison chimique formée dépend du degré d'acidité du cation, plus l'acide est faible et plus l'énergie de liaison du complexe acide-base sera faible, rendant l'espèce plus soluble. Ceci explique pourquoi l'espèce $TBAO_2$ existe en solution contrairement à LiO_2. Ce dernier précipite à la surface de l'électrode, bloque l'avancement des réactions électrochimiques et rend le processus fortement irréversible. De tels phénomènes permettent d'expliquer la forte polarisation qui est couramment observée dans les systèmes lithium-air entre la réaction de décharge et celle de charge. Un mélange de sels de lithium et de potassium (ou d'ammonium quaternaire) devrait accroître la solubilité des produits de décharge et ainsi augmenter la quantité d'oxygène pouvant être réduit, ce qui tendrait finalement à améliorer la capacité et le rendement énergétique des batteries lithium-air.

L'apport des techniques « *in situ* » d'analyse telles que la spectroscopie Raman ou de Résonance Paramagnétique Electronique nous ont permis de confirmer la formation d'un intermédiaire réactionnel LiO_2 à la surface de l'électrode lors de la réduction de l'oxygène dans les milieux à base d'ions lithium. Ce dernier se décompose en peroxyde de lithium, produit final de réduction dans les électrolytes chimiquement stables tels que le DMSO ou l'acétonitrile. En charge, Li_2O_2 s'oxyde directement en une seule étape pour reformer de l'oxygène et des ions lithium. En d'autres termes, les réactions de décharge et de charge d'une batterie lithium-air ne sont pas identiques d'un point de vue mécanistique ce qui explique la raison pour laquelle une polarisation plus importante est toujours observée lors de la charge de l'électrode. En effet, décomposer Li_2O_2 requiert une énergie suffisamment élevée pour rompre deux liaisons Li-O et ainsi générer les électrons.

Nous avons à plusieurs reprises dans ce manuscrit évoqué la réactivité chimique des produits de réduction de l'oxygène. Cette réactivité, proportionnelle à la nucléophilicité (i.e. la basicité), augmente dans la série $O_2^{\cdot-} < O_2^{2-} < O^{2-}$. La très faible solubilité dans les milieux organiques des sels de lithium dérivant de ces espèces est en quelque sorte une « chance » puisque même un solvant stable tel que le DMSO serait soumis à déprotonation par les bases fortes de Lewis O_2^{2-} et O^{2-} si ces dernières existaient sous forme d'ions libres. Nous avons vu que l'ion superoxide $O_2^{\cdot-}$, quant à lui, était généré dans les milieux aprotiques. Outre son affinité avec les cations métalliques, il est susceptible de réagir avec des substrats solides ou liquides de type électrophile ou à caractère acide (capable de donner un ou plusieurs protons). Ceci rend le choix des matériaux d'électrode et d'électrolyte des batteries lithium-air particulièrement déterminant puisque ces derniers vont orienter les chemins réactionnels et ainsi la nature des produits de décharge.

Dans la dernière partie de ce chapitre, nous allons exemplifier une telle réactivité avec notamment la réaction entre les esters de carbonate, molécules de solvant couramment employées dans les accumulateurs à ions lithium, et l'ion superoxide.

3 Mise en évidence de la réactivité des espèces formées par la réduction de l'oxygène dans les systèmes lithium-air

3.1 Instabilité des carbonates d'alkyle utilisés comme électrolytes de batteries Li-air

Les carbonates d'alkyles, tels que le carbonate de propylène (CP), le carbonate d'éthylène (CE) ou le carbonate de diméthyle (CDM) sont couramment utilisés comme électrolytes non aqueux pour batteries Li-ion et Li-air [35,36,37,38,39]. Cependant, ces composés ne sont pas stables en présence des formes réduites de l'oxygène telles que l'ion superoxide O_2^{-} [20,22,40]. Nos expériences réalisées plus tôt dans ce chapitre par voltampérométrie cyclique soulignaient déjà l'existence d'une réaction secondaire entre l'ion superoxide électrogénéré et le carbonate de propylène. Ce dernier possède une fonction carbonyle qui constitue un centre électrophile (carbone δ+) idéal. La généralisation de cette réactivité à d'autres carbonates tels que le carbonate d'éthylène est représentée par la **figure 20 (a)**. Des voltampérogrammes fortement asymétriques (i.e. absence de vague réversible) indiquent que l'espèce formée lors de la réduction disparaît partiellement, voire totalement, dans une réaction chimique associée avec le solvant. Le mécanisme de cette réaction est également introduit (**figure 20 (b)**). Le clivage de la fonction ester est réalisé par simple attaque nucléophile de l'anion superoxide sur le carbone de la double liaison carbone – oxygène ouvrant ainsi le cycle de la molécule.

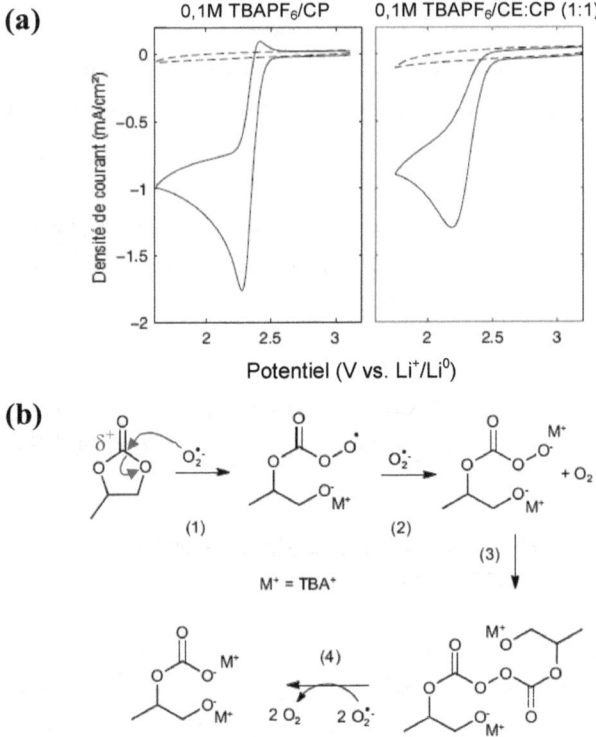

Figure 20. *a) Voltampérogrammes cycliques de la réduction de l'oxygène dans les carbonates d'alkyle à l'électrode de carbone vitreux (vitesse de balayage : 0,1 V/s, sel support : TBAPF₆ 0,1M, pointillés : solution saturée d'argon, trait plein : solution saturée d'oxygène). b) Mécanisme réactionnel de l'ouverture du cycle du carbonate de propylène en présence d'agent nucléophile tel que l'ion superoxide [22,40].*

En vue de telles observations, comment un électrolyte à base de carbonates d'alkyle pourrait fonctionner dans un système lithium-air, i.e. conduire à la formation réversible du peroxyde de lithium? Notons toutefois que les ions lithium présents dans l'électrolyte pourraient en quelque sorte entrer en compétition avec les molécules de solvant dans la réaction avec les superoxides. Cependant il est difficile d'évaluer dans quelles mesures ces derniers peuvent empêcher l'attaque du solvant par O_2^{-}. Afin d'étudier la stabilité des carbonates d'alkyle en présence d'ions lithium durant la réduction électrochimique de l'oxygène, mais également d'identifier la nature des produits formés, une électrode de carbone vitreux fut déchargée dans une solution CP/LiPF₆ 0,1M saturée en oxygène puis

138

analysée par spectroscopie IR à transformée de Fourier (IRTF). Toutes les précautions furent bien entendu prises afin d'éviter toute exposition de l'échantillon à l'air. Le spectre IRTF des produits de décharge est représenté par la **figure 21 (a)**. Les différents pics obtenus appartiennent à un mélange d'alkyle carbonate de lithium ROCO$_2$Li et de carbonate de lithium Li$_2$CO$_3$ **[41,42,43]**, montrant ainsi l'instabilité d'un tel électrolyte lors de la réduction électrochimique de l'oxygène. Un mécanisme de formation du carbonate de lithium, basé sur les réactions présentées par la **figure 20 (b)**, est décrit en **figure 21 (b)**. L'identification du peroxyde de lithium Li$_2$O$_2$ par spectroscopie IRTF a été rendue particulièrement difficile étant donné que les pics caractéristiques de ce composé interfèrent avec ceux de Li$_2$CO$_3$.

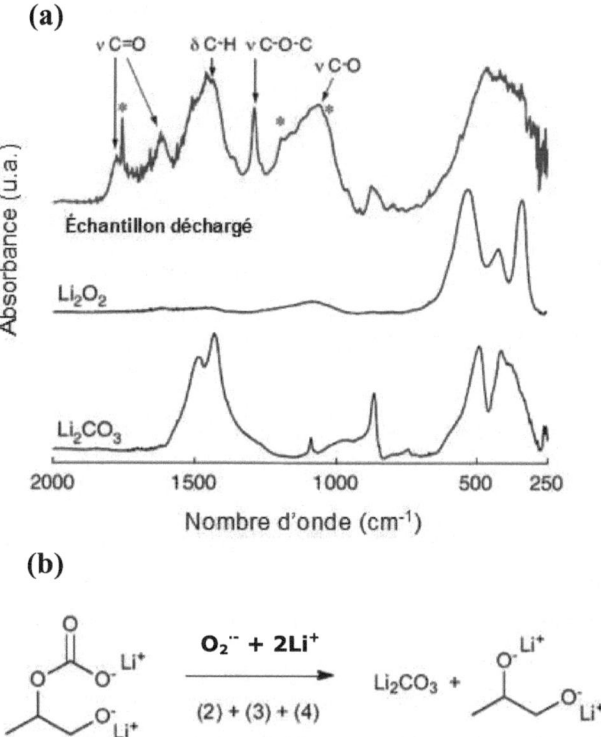

Figure 21. a) *Analyse des produits de réduction de l'oxygène dans le carbonate de propylène par spectroscopie IRTF (électrode de travail : carbone vitreux, électrode déchargée à 2 V vs. Li$^+$/Li^0, sel support : LiPF$_6$ 0,1M, spectres de référence : Li$_2$CO$_3$ et Li$_2$O$_2$, * : pics du carbonate de propylène).* **b)** *Mécanisme proposé pour la formation de Li$_2$CO$_3$ via les étapes 2 à 4 de la **figure 20 (b)**.*

Nous avons donc eu recours à la spectroscopie des pertes d'énergie (EELS) dans l'espoir de pouvoir identifier et quantifier la présence de différents produits à l'électrode. Pour cela nous avons utilisé un tissu de carbone comme électrode de cellule électrochimique lithium-air. Cette dernière fut déchargée sous une atmosphère d'oxygène dans le carbonate de propylène (LiPF$_6$ 1M). Après récupération de l'échantillon en boîte sèche, celui-ci fut scellé et transféré dans un microscope électronique en transmission pour l'analyse. Les spectres EELS correspondant à l'échantillon déchargé ainsi qu'aux composés purs de référence Li$_2$O$_2$ et Li$_2$CO$_3$ (produits commerciaux, Aldrich) sont représentés en **figure 22**.

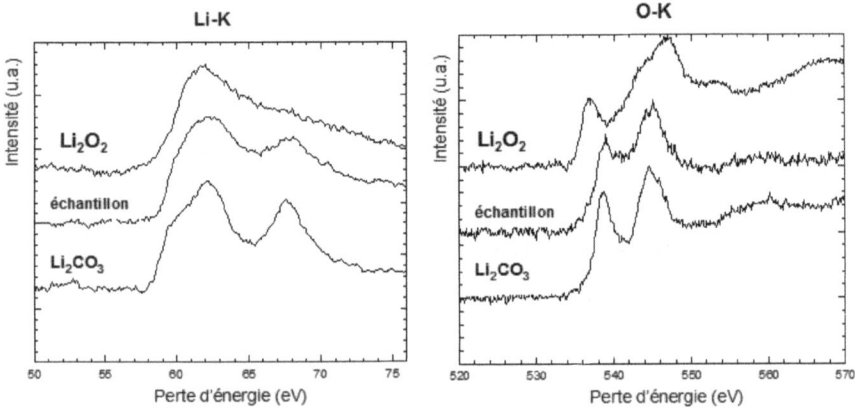

Figure 22. *Superposition des spectres EELS aux seuils K du lithium et de l'oxygène de Li$_2$O$_2$, Li$_2$CO$_3$ et l'échantillon déchargé à 2 V vs. Li$^+$/Li^0 dans le carbonate de propylène (LiPF$_6$ 1M) en cellule lithium-air.*

La structure fine au seuil K du lithium de l'échantillon correspond à une combinaison linéaire de la structure fine au seuil K du lithium des composés Li$_2$O$_2$ et Li$_2$CO$_3$, ce dernier apparaissant en quantité plus importante. Néanmoins, la position en énergie et la structure fine au seuil K de l'oxygène de l'échantillon correspond au composé Li$_2$CO$_3$. Par conséquent, l'échantillon analysé correspond uniquement au carbonate de lithium Li$_2$CO$_3$. Les spectres EELS des références LiOH et Li$_2$O furent également mesurés mais aucun de ces derniers ne correspondait au produit de réaction.

Ainsi nous avons la certitude que la réduction électrochimique d'O$_2$ sur électrode de carbone et dans les carbonates d'alkyle conduit à la formation de carbonate de lithium comme produit majoritaire de décharge et non Li_2O_2. Nous avons pu confirmer tout cela grâce à l'analyse des gaz par DEMS lors d'une charge subséquente de cette même électrode à air. Les résultats, **figure 23**, démontrent que le CO_2 (m/z= 44) est le principal gaz se dégageant lors de l'oxydation électrochimique des produits de décharge. Cependant un faible signal correspondant à un dégagement de dioxygène (m/z= 32) est également observé, celui-ci nous permet d'évaluer à environ 2% la quantité de Li_2O_2 présent en fin de décharge.

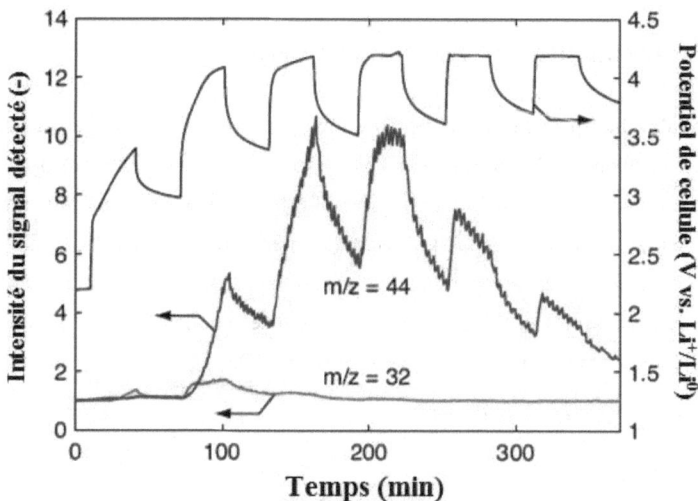

Figure 23. *Superposition des spectres de masse (m/z=32 et m/z=44) électrochimiques différentiels obtenus lors de la charge intermittente d'une électrode à air (carbone SP:α-MnO₂:PVdF-HFP 25:42:33 wt.%, courant imposé équivalent à 70 mA/g_{carbone} pendant 30 min., batterie maintenue en circuit ouvert pendant 30 min., potentiel de coupure en oxydation : 4,2 V vs. Li⁺/Li⁰) ayant été déchargée dans le carbonate de propylène (LiPF₆ 1M) afin de former les produits de réaction de l'oxygène.*

Cette famille de solvants, bien que couramment utilisée dans les batteries commerciales à ions lithium, n'est pas compatible avec les réactions de l'oxygène dans les batteries lithium-air organiques. La cyclabilité de nos cellules lithium-air testées avec de telles solutions électrolytiques s'explique donc par la formation/décomposition de produits de dégradation. La perte rapide de capacité électrochimique de l'électrode à air après seulement une dizaine de cycles provient donc de la décomposition complète de l'électrolyte.

La nature de l'électrode et plus spécifiquement la nature chimique de sa surface est également un paramètre qui devrait influencer les mécanismes réactionnels. Le noir de carbone est couramment utilisé comme collecteur de courant de l'électrode positive des batteries lithium-air. Il possède des groupes fonctionnels chimisorbés de type acide carboxylique -RCOOH, hydroxyde -OH ou carbonyle -C=O **[44]**. Ayant mis en évidence la réactivité de l'anion superoxide tout en sachant que ce dernier est électrogénéré à la surface de l'électrode (i.e. du carbone), il apparaît fort probable que des réactions parasites avec les groupements fonctionnels du carbone ont lieu.

3.2   Instabilité de l'électrode de carbone

Afin d'évaluer pleinement l'habilité de l'ion superoxide à réagir également avec les groupements fonctionnels de surface du carbone, il nous a fallu dans un premier temps nous assurer de sa stabilité dans le milieu dans lequel il est électrogénéré. Pour cela, nous avons caractérisé les produits de réaction sur électrode poreuse (carbone SP) dans des solvants aprotiques résistant à l'attaque du superoxide, tels que l'acétonitrile ou le DMSO. Les résultats obtenus sont présentés sur la **figure 24**. Chaque électrode composite fut déchargée à 2 V vs. Li$^+$/Li^0 puis analysée par spectroscopie IRTF et DRX.

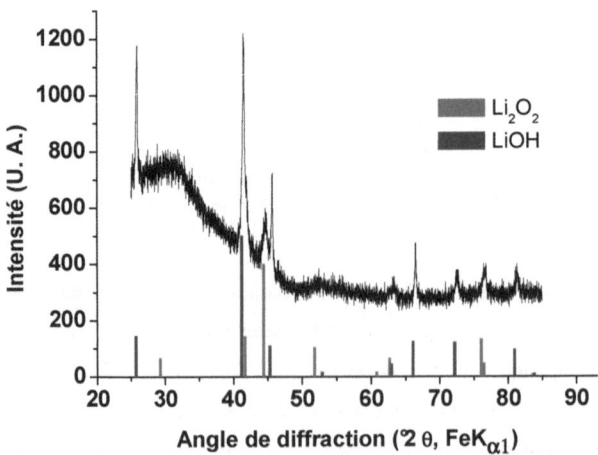

Figure 24 a) *Diagramme de diffraction des Rayons X d'une électrode à air à base de noir de carbone (carbone SP:liant 80:20 wt.%) déchargée à 2 V vs. Li$^+$/Li^0 dans une solution DMSO/LiClO$_4$ 0,1M (i= 70 mA/g$_{carbone}$, Po$_2$= 1 atm, T= 25°C). Cartes JCPDS des composés Li$_2$O$_2$ (74-0115) et LiOH (32-0564) correspondantes.*

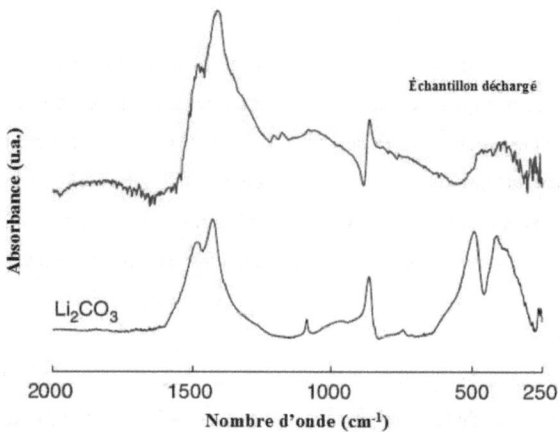

Figure 24 b) *Spectre IRTF d'une électrode à air (carbone SP:liant 60:40 wt.%) déchargée à 2 V vs.*
Li^+/Li^0 *dans une solution ACN/LiClO$_4$ 0,1M (i= 70 mA/g$_{carbone}$, P$_{O_2}$= 1 atm, T= 25°C). Spectre IRTF*
de référence du composé Li$_2$CO$_3$ (Aldrich).

Les résultats obtenus indiquent que l'électrode de carbone n'est pas stable et qu'une
réaction avec les ions superoxide existe. Dans le cas du DMSO, la lithine LiOH précipite à la
surface de l'électrode et constitue un sous-produit de réaction. Dans le cas de l'acétonitrile,
les analyses par spectroscopie IRTF indiquent que Li_2CO_3 est également un sous-produit de la
réaction de réduction de l'oxygène. Le produit Li_2O_2 a été identifié dans les deux cas ne
mettant pas en cause le mécanisme primaire de la réduction de l'oxygène dans ces solvants
mais indiquant simplement que l'électrode peut participer aux réactions et induire la co-
précipitation de sous-produits insolubles nuisibles au fonctionnement de l'électrode sur le
long terme.

3.3 Conclusions

L'étude des réactions électrochimiques de l'oxygène dans les esters de carbonate et sur
électrode de carbone nous a permis de mettre en évidence la sélectivité d'un tel processus, due
à l'extrême réactivité des anions superoxide. Le fonctionnement de l'électrode à air en milieu
organique selon le processus réversible de formation/décomposition du peroxyde de lithium
Li_2O_2 repose donc sur le choix d'une électrode et d'un électrolyte stables chimiquement.

4   Conclusions

En conclusion, nous avons au travers de ce chapitre passé en revue les différents mécanismes électrochimiques liés aux réactions de l'oxygène dans les milieux polaires. Plus particulièrement, nous avons essayé de comprendre le fonctionnement d'une électrode à air dans les systèmes lithium-air non aqueux rechargeables. En employant un arsenal de techniques spectroscopiques, couplées à l'électrochimie analytique, nous avons réussi à identifier différents chemins réactionnels, mettant ainsi en avant l'extrême complexité du système.

Notamment, nous avons mis en évidence l'influence du cation de l'électrolyte support sur la nature des produits de la réaction de l'oxygène. Dans les solutions d'acides faibles telles que celles contenant le cation TBA^+, la réduction de l'oxygène est un processus monoélectronique « quasi-réversible » faisant intervenir le couple rédox $O_2/O_2\cdot^-$. En remplaçant l'ammonium quaternaire par un cation de métal alcalin tel que Li^+ ou Na^+, l'électrochimie de l'oxygène devient fortement irréversible. Ceci peut être interprété en termes d'interaction entre le cation du sel support et l'ion superoxide. Plus le cation est petit et plus son acidité de Lewis est grande, formant ainsi une liaison de coordination avec l'anion plus forte et inversement, plus l'acide de Lewis est faible et plus l'interaction avec l'anion devient faible. Ceci a pour conséquence de former des complexes plus ou moins solubles dans les milieux organiques. Le complexe $TBAO_2$ est une espèce soluble et le processus de réduction d'O_2 est quasi-réversible. Le plus petit cation Li^+ est un acide fort de Lewis qui va former une liaison ionique avec l'ion superoxide, par conséquent le complexe LiO_2 est beaucoup moins soluble, précipite à la surface de l'électrode et rend le processus électrochimique fortement irréversible.

Aux moyens d'un solvant stable (e.g. l'acétonitrile) et d'une électrode stable (e.g. électrode d'or), nous avons démontré par spectroscopie Raman *in situ* que l'espèce intermédiaire LiO_2 résultant du processus électrochimique-chimique (EC) de réduction d'O_2 en milieu aprotique se formait à la surface de l'électrode. Cette dernière est peu stable et se dismute en une forme peroxyde Li_2O_2. La théorie HSAB de Pearson peut ici s'avérer relativement utile dans la compréhension d'un tel phénomène. L'ion Li^+ est un acide dur, par conséquent, ce dernier aura plus d'affinité pour une base dure. La dureté des bases augmente dans la série $O_2\cdot^- < O_2^{2-} < O^{2-}$, ainsi le complexe Li_2O_2 est plus stable que LiO_2. Durant la charge, le peroxyde de lithium s'oxyde directement en une seule étape pour générer de l'oxygène et des ions lithium. Ceci fut démontré lors du suivi de la charge d'une cellule lithium-air par spectrométrie de masse électrochimique différentielle. Ainsi les mécanismes de décharge et charge d'une électrode à air ne repose pas sur les mêmes chemins réactionnels ce qui tend à justifier le fait que la polarisation de l'électrode à air n'est pas identique entre les réactions de réduction et d'oxydation. Le mécanisme global peut donc s'écrire :

$$\text{Décharge :} \quad O_2 + e^- \rightarrow O_2^{\cdot -} \overset{Li^+}{\rightarrow} LiO_2 \rightarrow 1/2Li_2O_2 + 1/2O_2$$

$$\text{Charge:} \quad Li_2O_2 \rightarrow 2Li^+ + 2e^- + O_2$$

Enfin, nous avons démontré dans quelles mesures la réduction de l'oxygène dans un solvant instable (e.g. le carbonate de propylène) et sur des substrats réactifs (e.g. noir de carbone) pouvait conduire à la formation de produits de décharge indésirables. La réactivité des anions superoxides apparaît sans nul doute comme le point critique de ces systèmes. Le développement des batteries lithium-air repose sur la mise au point d'un électrolyte et d'une électrode chimiquement stables. L'acétonitrile n'est pas compatible car celui-ci est trop volatile et réactif vis-à-vis de l'électrode négative au lithium. L'utilisation d'une électrode en or s'avérerait également difficile pour des raisons économiques. Il apparaît donc nécessaire d'explorer de nouveaux matériaux d'électrolyte et d'électrode, en gardant également à l'esprit l'importance de la diffusivité et de la solubilité de l'oxygène sur les performances de ce type de batteries.

5 Références bibliographiques

[1]   D. Bauer, J.-P. Beck, *Electroanal. Chem. Interfacial Electrochem.* **40** 233 (1972)

[2]   D.T. Sawyer, J. S. Valentine, *Acc. Chem. Res.* **14** 393 (1981)

[3]   D. T. Sawyer, A. Sobkowiak, J. L. Roberts, *Electrochemistry for Chemists, 2ème édition*, J. Wiley & Fils, Inc. (1995)

[4]   D.T. Sawyer, *Oxygen Chemistry*, Oxford University Press (1991)

[5]   J. Wilshire, D. T. Sawyer, *Acc. Chem. Res.* **12** 105 (1979)

[6]   Y. Katayama, K. Sekiguchi, M. Yamagata, T. Miura, *J. Electrochem. Soc.* **152** E247 (2005)

[7]   I. M. Al Nashef, M. L. Leonard, M. C. Kittle, M. A. Matthews, J. W. Weidner *Electrochem. Solid-State Letters* **4** D16 (2001)

[8]   D. T. Sawyer, J. L. Roberts, *J. Electroanal. Chem.* **12** 90 (1966)

[9]   M. E. Peover, B. S. White, *Electrochim. Acta* **11** 1061 (1966)

[10]   R. G. Evans, O. V. Klymenko, S. A. Saddoughi, C. Hardacre, R. G. Compton, *J. Phys. Chem. B* **108** 7878 (2004)

[11]   D.-H. Chin, G. Chiericato, E. J. Nanni, D. T. Sawyer, *J. Am. Chem. Soc.* **104** 1296 (1982)

[12]   J. F. Wu, Y. Che, T. Okajima, F. Matsumoto, K. Tokuda, T. Ohsaka, *Electrochim. Acta* **45** 987 (1999)

[13]   M.-H. Shao, P. Liu, R. R. Adzic, *J. Am. Chem. Soc.* **128** 7408 (2006)

[14]   E. L. Johnson, K. H. Pool, R. E. Hamm, *Anal. Chem.* **39** 889 (1967)

[15]   D. Vasudevan, H. Wendt, *J. Electroanal. Chem.* **192** 69 (1995)

[16]   D. L. Maricle, W. G. Hodgson, *Anal. Chem.* **37** 1562 (1965)

[17]   Y. Katayama, H. Onodera, M. Yamagata, T. Miura, *J. Elecrochem. Soc.* **151** A59 (2004)

[18]   V. Gutmann, *The Donor-Acceptor Approach to Molecular Interactions*, Plenum Press, New York (1978)

[19]   A. J. Bard, L. R. Faulkner, *Electrochemical Methods, Fundamentals and Applications, 2ème édition*, J. Wiley & Fils, Inc. (2001)

[20]   J. San Fillipo, L. J. Romano, C.-I. Chern, J. S. Valentine, *J. Org. Chem.* **41** 586 (1976)

[21]   F. Magno, G. Bontempelli, *J. Electroanal. Chem.* **68** 337 (1976)

[22]   M. J. Gibian, D. T. Sawyer, T. Ungermann, R. Tangpoonpholvivat, M. M. Morrison, *J. Am. Chem. Soc.* **101** 640 (1979)

[23]   M. Kosmulski, R. A. Osteryoung, M. Ciszkowska, *J. Electrochem. Soc.* **147** 1454 (2000)

[24]   M. Ue, K. Ida, S. Mori, *J. Electrochem. Soc.* **141** 2989 (1994)

[25]   R. G. Pearson, *J. Am. Chem. Soc.* **85** 3533 (1963)

[26]   B. Trémillon, dans : *Electrochimie analytique et réactions en solution, Tome 1*, Editions Masson (1993)

[27]   C. O. Laoire, S. Mukerjee, K. M. Abraham, E. J. Plichta, M. A. Hendrickson, *J. Phys. Chem. C* **113** 20127 (2009)

[28]   C. O. Laoire, S. Mukerjee, K. M. Abraham, E. J. Plichta, M. A. Hendrickson, *J. Phys. Chem. C* **114** 9178 (2010)

[29]   Z. Peng, S. A. Freunberger, L. J. Hardwick, Y. Chen, V. Giordani, F. Bardé, P. Maire, P. Novák, J.-M. Tarascon, D. Graham, P. G. Bruce, Soumis à *Nat. Chem.* (2010)

[30]   S. A. Hunter-Saphir, J. A. Creighton, *J. Raman Spectrosc.* **29** 417 (1998)

[31]   D. A. Hatzenbuhler, L. Andrews, *J. Chem. Phys.* **56** 3398 (1972)

[32]   T. M. Loehr, dans *Oxygen complexes and oxygen activation by transition metals*, éditeurs: A. E. Martell, D. T. Sawyer, 17 (1988)

[33]   H. H. Eysel, S. Thym, *Z. Anorg. Allg. Chem.* **411** 97 (1975)

[34]   J. Ufheil, C. Baertsch, A. Würsig, P. Novák, *Electrochim. Acta* **50** 1733 (2005)

[35]   K. M. Abraham, Z. J. Jiang, *J. Electrochem. Soc.* **143** 1 (1996)

[36]   J. Read, *J. Electrochem. Soc.*, **149** A1190 (2002)

[37]   S. J. Visco, B. D. Katz, Y. S. Nimon, L. C. De Jonghe, *Brevet Américain* US **7282295** (2007)

[38]   T. Kuboki, T. Okuyama, T. Ohsaki, N. Takami, *J. Power Sources* **146** 766 (2005)

[39]   T. Ogasawara, A. Débart, M. Holzapfel, P Novak, P. G. Bruce, *J. Am. Chem. Soc.* **128**, 1390 (2006)

[40]   D. Aurbach, M. Daroux, P. Faguy, E. Yeager, *J. Electroanal. Chem.* **297** 225 (1991)

[41]   D. Aurbach, I. Weissman, A. Zaban, O. Chusid, *Electrochim. Acta* **39** 51 (1994)

[42]   G. V. Zhuang, H. Yang, B. Blizanac, P. N. Ross, *Electrochem. Solid-State Lett.* **8** A441 (2005)

[43]   L. J. Hardwick, M. Marcinek, L. Beer, J. B. Kerr, R. Kostecki, *J. Electrochem. Soc.* **155** A442 (2009)

[44]   J. Lahaye, P. Ehrburger, *Pure Appl. Chem.* **61** 1853 (1989)

Conclusion générale et perspectives

L'étude des batteries lithium-air en milieu non aqueux peut se diviser en trois parties: l'électrode à air (cathode), l'électrolyte et l'électrode de lithium (anode). Au cours de ce travail de thèse, nous avons concentré nos efforts sur l'électrode à air et son principe de fonctionnement. L'objectif était de comprendre les facteurs limitant les performances de l'électrode ainsi que les mécanismes réactionnels accompagnant la décharge et la charge.

Le principal verrou technologique de l'électrode à air réside dans la formation d'un produit de réaction insoluble, le peroxyde de lithium, au cours de la décharge de la batterie, à la surface et dans les pores de l'électrode. Ceci a pour conséquences de (1) limiter la quantité d'énergie stockable par l'accumulateur et (2) rendre les processus électrochimiques fortement irréversibles. La tension de charge de la batterie est ainsi bien plus élevée que celle restituée à la décharge conférant aux batteries lithium-air un faible rendement énergétique. Cette caractéristique doit impérativement évoluer si de tels systèmes veulent conquérir le marché. Les batteries Li-ion actuelles, bien que moins denses en énergie, ont un rendement supérieur à 98% comparé à $\approx$70% pour les systèmes lithium-air.

Afin de réduire la polarisation de l'électrode à air entre les réactions de décharge et de charge et d'améliorer les performances électrochimiques, nous avons dès lors concentré nos efforts sur (i) la sélection d'un catalyseur capable de faciliter les réactions et (ii) l'optimisation de la porosité de l'électrode et du contact chimique entre le carbone et le catalyseur.

Nos études préliminaires ont montré que la nature chimique du catalyseur influençait particulièrement le potentiel de recharge de la batterie, celui-ci dépend de l'énergie libre de la réaction de décomposition du peroxyde de lithium Li_2O_2 en Li^+, e^- et O_2. Comme toute réaction catalytique, le catalyseur a pour rôle d'abaisser la barrière énergétique de la réaction et ainsi en faciliter son accomplissement. Afin d'évaluer l'influence de la nature du catalyseur sur la rechargeabilité de l'électrode à air, nous avons étudié la réaction de décomposition du peroxyde d'hydrogène H_2O_2 en milieu aqueux. Cette réaction nous a permis de modéliser la réaction catalytique de décomposition d'une espèce de type peroxyde (en rapport avec Li_2O_2) et de tester l'activité catalytique de différents oxydes de métaux de transition préparés au laboratoire. Une corrélation entre la vitesse de réaction (s^{-1}) de la décomposition catalytique d'H_2O_2 et le potentiel d'oxydation électrochimique de Li_2O_2 (V vs. Li^+/Li^0) fut mis en évidence. Le catalyseur conduisant aux vitesses de réaction les plus importantes dans la décomposition de l'eau oxygénée permet une réduction du potentiel d'oxydation de Li_2O_2, i.e. augmente la réversibilité de la réaction et donc le rendement énergétique du générateur.

Une faible polarisation de l'électrode à air fut observée lors de l'utilisation d'oxydes de manganèse, et notamment le polymorphe alpha. Forts de ce résultat, nous avons exploré l'effet de la surface spécifique de α-MnO_2 sur son activité catalytique. Pour cela, nous avons entrepris de modifier sa voie de synthèse. La précipitation en solution aqueuse, via l'emploi d'un surfactant, nous a permis d'obtenir des nano-aiguilles de α-MnO_2 d'une surface spécifique supérieure à 300 m²/g. Ainsi une nette diminution de la polarisation de l'électrode à air en présence de ce catalyseur a pu être démontrée.

Afin de comprendre le rôle de la porosité de l'électrode, l'étude des propriétés texturales de différents carbones a été étudiée. Ceci nous a permis de mettre en évidence l'effet de la mésoporosité sur la capacité de décharge et par conséquent de la nécessité d'employer un carbone ayant un large volume de méso/macropores afin de faciliter la dispersion du catalyseur, le transport des espèces électroactives et, par la même, de minimiser le remplissage des pores par le produit de réaction. La préparation par voie template de carbones mésoporeux possédant un réseau 3D interconnecté de macropores a permis d'accroître considérablement la capacité gravimétrique de nos batteries lithium-air. La structuration de la porosité assure également une meilleure diffusion des espèces électroactives dans l'électrode et augmente la tension délivrée lors de la décharge (i.e. diminue la résistance interne de la cellule). Des études complémentaires de la surface du carbone (i.e. nature des groupes de surface, polarité, mouillabilité, etc.) devront cependant être réalisées afin d'évaluer précisément quels sont les paramètres clés contrôlant les performances de l'électrode à air.

L'amélioration du contact chimique entre le carbone et le catalyseur est également un point sur lequel nous nous sommes attardés. La préparation par voie chimique de carbones chargés en α-MnO_2 a permis de diminuer considérablement la quantité de catalyseur nécessaire à la fabrication d'une électrode tout en augmentant les performances électrochimiques de celle-ci. Il s'avère donc essentiel de contrôler les paramètres de synthèse afin d'optimiser le dépôt de catalyseur sur la surface du carbone et maintenir le volume poreux de l'électrode accessible aux produits de la réduction de l'oxygène.

Cependant, la cyclabilité de nos électrodes s'est avérée très limitée. Différentes hypothèses ont rapidement fait surface, telles que la stabilité de l'interface électrode à air-électrolyte ou encore celle de l'électrolyte lui-même vis-à-vis des phénomènes électrochimiques prenant place au cours de la décharge de la cellule. Nous avons envisagé l'existence d'un mécanisme différent lors de la recharge de la batterie, conduisant préférentiellement à l'oxydation de sous-produits de dégradation de l'électrolyte. Pour ce qui est de l'interface électrode à air-électrolyte, nous pensons notamment à la réactivité du catalyseur avec l'électrolyte organique. L'emploi de catalyseurs nanométriques, si critique à l'amélioration de la cinétique des réactions de l'oxygène et leur réversibilité, peut favoriser des réactions de surface avec l'électrolyte et la dissolution partielle du catalyseur. La mise au point d'un catalyseur à la fois très actif vis-à-vis des réactions de l'électrode à air et stable chimiquement représentera un challenge considérable.

Afin de répondre scientifiquement à ces différentes interrogations, nous avons étudié en détails les mécanismes réactionnels associés à la décharge et à la charge d'une batterie lithium-air en milieu non aqueux.

L'étude électrochimique de la réduction de l'oxygène en milieu non aqueux a permis de mettre en évidence le mécanisme primaire durant lequel l'ion superoxide $O_2^{\cdot-}$ est produit par la réduction monoélectronique d'O_2. Ce radical est une base de Lewis et doit sa stabilité à la nature du contre-ion, i.e. du cation, employé dans l'électrolyte. En présence d'acide faible de Lewis, e.g. l'ion TBA^+, le complexe stable $TBAO_2$ est soluble et le couple $O_2/O_2^{\cdot-}$ correspond à un système « quasi-rapide », i.e. réversible. Dès lors que nous augmentons l'acidité du milieu, en remplaçant notamment l'ion TBA^+ par un acide fort de Lewis, l'ion Li^+, l'électrochimie de l'oxygène change radicalement. Le processus de transfert électronique (i.e. réduction électrochimique de l'oxygène en ion superoxide) est suivi d'une étape chimique avec création d'une liaison entre le superoxide et l'ion lithium (mécanisme EC). L'ion superoxide constitue donc l'espèce transitoire instable :

$$O_2 + e^- \overset{E}{\rightarrow} O_2^{\cdot-} \underset{+ \, Li^+}{\overset{C}{\rightarrow}} LiO_2$$

L'espèce ainsi générée LiO_2 est fortement insoluble en milieu polaire aprotique et se décompose en oxyde ou peroxyde de lithium. Ces produits passivent l'électrode à air. Le couple $O_2/O_2^{\cdot-}$ devient alors à un système « lent », i.e. irréversible.

La digestion des ions superoxide électrogénérés dans un mécanisme électrochimique et la formation de l'espèce LiO_2 à la surface de l'électrode ont été confirmées par spectroscopie Raman *in situ*. Cette technique nous permet de révéler l'instabilité du superoxide de lithium à température ambiante qui se dismute pour donner naissance à un produit plus stable le peroxyde de lithium selon la réaction $2LiO_2 \rightarrow Li_2O_2 + O_2$. Ceci peut être interprété selon la théorie HSAB de Pearson qui permet de comprendre le cheminement du mécanisme réactionnel. Le peroxyde de lithium est le produit majoritairement formé car il correspond à la formation d'un adduit acide-base plus stable (i.e. Li^+ acide « dur » et O_2^{2-} base « dure »).

Une étude du mécanisme de charge de l'électrode à air par spectrométrie de masse électrochimique différentielle nous a permis de mettre en évidence la réaction de décomposition de Li_2O_2. Celle-ci semble régénérer directement les produits de départ, Li^+ et O_2, sans faire intervenir d'intermédiaire réactionnel. Ainsi le mécanisme de charge d'une batterie lithium-air suit un processus différent ce qui tend à justifier les différences de polarisation observées selon que l'on est en décharge ou en charge.

Enfin, dans une dernière partie, nous avons pu mettre en évidence l'instabilité des carbonates d'alkyle lors de la réduction électrochimique de l'oxygène. En prenant le cas du carbonate de propylène, celui-ci se décompose via l'attaque nucléophile de l'ion superoxide sur la fonction carbonyle (C=O) de la molécule. L'ouverture du cycle initie une série de réactions qui conduisent à la formation et à la précipitation à la surface de l'électrode à air d'espèces insolubles de type carbonate de lithium (Li_2CO_3) et alkyle carbonate de lithium ($ROCO_2Li$). Ces produits parasitent le fonctionnement réversible de l'électrode à air et limitent la durée de vie de la batterie.

La recherche d'électrolytes compatibles avec cette nouvelle chimie est donc une priorité aujourd'hui si nous voulons réellement évaluer le potentiel des batteries lithium-air anhydres reposant exclusivement sur la précipitation/décomposition électrochimique de Li_2O_2. L'électrolyte doit assurer la conduction ionique des ions lithium, la solubilisation et le transport de l'oxygène, tout en offrant une stabilité chimique et électrochimique dans un milieu aussi agressif que celui mettant en jeu le couple rédox O_2/O_2^{-}.

Les solvants perfluorés, e.g. $F(CF_2)_nCO_2(CH_2)_nH$, représentent une option. Leur hydrophobicité confère une large solubilité à l'oxygène moléculaire dans de tels milieux. De plus, ils sont très résistants à la dégradation. Cependant, la viscosité de ces solutions risque d'affecter les propriétés de transport des espèces électroactives si toutefois nous réussissons à dissoudre un sel de lithium dans un milieu si peu accepteur d'espèces polaires. Nous pourrions dès lors nous orienter sur les perfluoropolyéthers, e.g. $HF_2C\text{-}(OC_2F_4)_p(OCF_2)_q\text{-}OCF_2H$, car ces derniers possèdent une plus faible viscosité ainsi que des groupements polaires (i.e. -O-) pouvant solvater les cations Li^+ en plus large quantité. Les liquides ioniques représentent également une famille d'électrolytes à investiguer pour leur non-volatilité et leur stabilité électrochimique, notamment avec l'électrode de lithium. Ces derniers devraient sans nul doute accroître la cyclabilité des accumulateurs lithium-air. Mais avant cela, il est important d'évaluer la solubilité d'O_2 dans ces milieux ainsi que la stabilité chimique du cation et de l'anion du sel fondu en présence du couple $O_2/O_2^{\cdot-}$. Par exemple, nous pensons notamment au cation éthyle méthyle imidazolium (EMI^+), aujourd'hui utilisé dans des prototypes de futures batteries Li-ion, possédant un proton labile ($-H^{\delta+}$) sur l'hétérocycle qu'une base telle que l'anion superoxyde $O_2^{\cdot-}$ peut arracher, entraînant la dégradation du liquide ionique.

La sélection d'un électrolyte de batteries lithium-air nécessite donc une approche radicalement différente de celle employée pour les batteries Li-ion. Nous avons étudié au cours de cette thèse un large panel de solvants « commerciaux », allant des éthers aux amides, en passant par les sulfones et les nitriles. Il est apparu extrêmement difficile d'établir un compromis adaptable à l'électrochimie si sélective des batteries lithium-air. La synthèse de nouveaux matériaux d'électrolyte ou la modification chimique de certains sont des voies de recherche que nous étudions actuellement.

L'interface électrode de lithium-électrolyte est également un point faible des batteries lithium-air. La croissance de dendrites à la surface de l'électrode au cours du cyclage limite l'usage du lithium dans les systèmes rechargeables et ce notamment pour des raisons de sécurité. De plus, la possible présence d'O_2 diffusant dans l'électrolyte depuis l'électrode à air vers la surface du lithium entraîne l'oxydation du métal. En réponse à cela, il serait nécessaire d'adapter aux systèmes lithium-air anhydres une membrane de protection du lithium telle que celle employée dans les systèmes aqueux (e.g. membranes Lisicon ou verres céramiques Ohara). L'étude d'électrodes négatives alternatives au lithium telles que le silicium ou l'étain pourrait également constituer un champ d'investigation, à conditions que celles-ci puissent être « pré-lithiées » avant utilisation dans une configuration lithium-air et stables sous une atmosphère d'O_2 une fois à l'état réduit (i.e. lithié).

Enfin, dans un futur proche, il conviendra d'étudier la faisabilité de ces systèmes avec l'oxygène de l'air. Pour cela nous devrons nous employer à protéger l'électrode à air et la cellule électrochimique de l'entrée d'humidité ou de dioxyde de carbone tout en autorisant le passage de l'oxygène.

L'utilisation de fluoropolymères de type PTFE (polytétrafluoroéthylène) pourrait alors s'avérer très utile. Ces matériaux possèdent en effet une grande affinité pour l'oxygène et pourrait alors servir de couche de diffusion du gaz. Il conviendra alors d'étudier les propriétés de transport de l'oxygène dans la couche de protection de la cathode.

Annexes

ANNEXE A

Calcul de la densité d'énergie de l'électrode à air et comparaison à l'électrode positive de batteries lithium-ion

1. Caractéristiques essentielles:

<u>Matière électroactive:</u>   *Positive* : O_2 (air)

                              Négative :   Li

<u>Electrolyte:</u>   solvants organiques + sel de lithium (1 mol/L)

<u>Réactions électrochimiques (décharge):</u>

                              Positive : $O_2 + e^- \rightarrow O_2^{\cdot-}$

                              Négative : $Li - e^- \rightarrow Li^+$

<u>Réaction globale de cellule:</u> $2Li + O_2 \rightarrow Li_2O_2$ [1]

                                      $2Li + 1/2O_2 \rightarrow Li_2O$ [2]

<u>f.é.m. (en circuit ouvert):</u>   3,1 V   [1]

                                      2,91 V   [2]

2. Performances électrochimiques théoriques:

2.1 Loi de Faraday:

La production d'une réaction électrochimique obéit à une loi quantitative, dite loi de Faraday (1834), reliant les quantités des substances électroactives transformées à une électrode à la charge électrique totale ayant été transférée pour cela à l'interface électrode/solution. Pour un système Ox. $+ n\, e^- = R.$, nous avons:

$$N(Ox.) = N(R.) = Q/n\, F \qquad (n \text{ nombre d'}e^- \text{ échangés})$$

La constante F, que l'on appelle constante de Faraday, correspond à la charge électrique équivalente à une mole d'électrons.

$$F = 96.484,56 \text{ Coulombs/mole}$$

Ainsi $\qquad$ 1 mAh = 3,73115 10^{-5} mole d'électrons

2.2 Réaction [1] : formation de Li_2O_2

Densité Li_2O_2	2,2	g/cm^3
	0,04795	mol/cm^3
M_W Li_2O_2	45,88	g/mol
n / mole de Li_2O_2	2	électrons
Capacité volumétrique	2,5703	Ah/cm^3
Capacité spécifique	1,168	Ah/g
Capacité spécifique $(O_2)^*$	1,675	Ah/g
f.é.m.	3,1	V
Densité d'énergie volumétrique	7967	Wh/L
Densité d'énergie massique†	3620	Wh/kg
Densité d'énergie massique $(O_2)^*$	5025	Wh/kg

2.3 Réaction [2] : formation de Li_2O

Densité Li_2O	2,01	g/cm^3
	0,06727	mol/cm^3
M_W Li_2O	29,88	g/mol
n / mole de Li_2O	2	électrons
Capacité volumétrique	3,6058	Ah/cm^3
Capacité spécifique	1,793	Ah/g
Capacité spécifique $(O)^*$	3,350	Ah/g
f.é.m.	2,91	V
Densité d'énergie volumétrique	10492	Wh/L
Densité d'énergie massique	5220	Wh/kg
Densité d'énergie massique $(O)^*$	9716	Wh/kg

---

* Nous évaluons les capacités, densités d'énergie, etc. également en excluant la masse du lithium qui provient de l'électrode négative.
† Cette valeur de densité d'énergie théorique tient uniquement compte de la masse de Li_2O_2. Une cellule complète incluant matériaux d'électrode, électrolyte et enfin Li_2O_2 aurait une densité d'énergie de 2731 Wh/kg.

3. Performances électrochimiques théoriques de l'électrode à air:

Les densités d'énergie théoriques de l'électrode à air présentées sur la figure 3 du chapitre 1 se basent sur la formation de Li_2O comme produit de décharge (réaction de cellule [2]). Celui-ci occuperait 60% du volume final de l'électrode, 20% seraient occupés par le composite carbone/catalyseur/liant et 20% par la porosité de l'électrode. L'épaisseur de l'électrode est égale à 0,1 mm.

Capacité volumétrique (60% Li_2O)	2,163	Ah/cm^3
Densité du composite C/cat./liant (20%)	0,36	g/cm^3
Densité de Li_2O (60%)	1,20	g/cm^3
Densité de l'électrode après décharge	1,56	g/cm^3
Densité de l'électrode après décharge (O)	1,00	g/cm^3
Capacité spécifique	1,386	Ah/g
Capacité spécifique (O)	2,163	Ah/g
Densité d'énergie massique	**4033**	**Wh/kg**
Densité d'énergie massique (O)	**6294**	**Wh/kg**
Densité d'énergie volumétrique	**6294**	**Wh/L**

4. Performances électrochimiques théoriques d'une cellule complète[‡]:

Hypothèses : épaisseur de l'électrode négative   0,109 mm

masse de l'électrode négative   0,0159 g

densité, M_W du lithium   0,535 g/cm³, 6,94 g/mol

épaisseur du séparateur   0,01 mm

épaisseur totale de la cellule   0,219 mm

produit de réduction Li_2O

[‡] Anode+électrolyte+cathode+O_2, le packaging n'est pas inclus.

Capacité spécifique	1,363	Ah/g
Densité d'énergie massique	**3954**	**Wh/kg**
Capacité volumétrique	0,987	Ah/cm^3
Densité d'énergie volumétrique	**2862**	**Wh/L**

5. Electrode positive de batterie Li-ion: LiCoO$_2$.

Réaction électrochimique (**décharge-charge**):

$$Li_{1-x}CoO_2 + xLi^+ + xe^- \underset{(d)}{\overset{(c)}{\rightleftarrows}} LiCoO_2$$

Hypothèses: *densité d'énergie volumétrique* : nous assumons 20% de porosité, 10% du volume de l'électrode occupés par le carbone et le liant, et 70% par LiCoO$_2$.

densité d'énergie massique : LiCoO$_2$ représente 95% de la masse totale de l'électrode.

Performances électrochimiques théoriques:

Capacité spécifique (x=0,5)	0,140	Ah/g
Capacité volumétrique (70%)	0,500	Ah/cm^3
f.é.m.	4,1	V
Densité d'énergie massique	574	Wh/kg
Densité d'énergie volumétrique	2050	Wh/L

ANNEXE B

Techniques classiques de caractérisation utilisées

1. Diffraction des rayons X sur poudre:

Les diagrammes de diffraction des rayons X des poudres d'oxyde de cuivre (CuO), nickel (NiO) et fer (α-Fe_2O_3) employées dans l'étude catalytique de la décomposition d'H_2O_2 et de Li_2O_2 (chapitre 2) ont été obtenus sur un diffractomètre Stoe STADI/P (transmission, λFe $K\alpha1$= 1,936 Å). Les diagrammes de diffraction des rayons X des poudres d'oxyde de cobalt (Co_3O_4) et manganèse (MnO_2) ont été obtenus sur un diffractomètre Philips PW1729 équipé d'une baie de comptage PW1710 et d'une anticathode de cuivre (λCu $K\alpha1$-$\alpha2$= 1,541 Å) avec monochromateur arrière permettant de s'affranchir de la fluorescence du cobalt.

2. Microscopie électronique:

Suivant les cas, les particules ont été observées par microscopie électronique à balayage (MEB) ou en transmission (MET). Le MEB est un microscope à effet de champ Philips FEG XL-30, équipé d'un module de microanalyse X (EDS) Link ISIS. Les clichés de MET imagerie et clichés de microdiffraction électronique à aire sélectionnée (DEAS) ont été réalisés sur un microscope JEOL JEM-2110 opérant à 200 keV.

3. Mesure des surfaces spécifiques:

Pour les mesures des surfaces spécifiques, la technique de Brunauer, Emmett et Teller a été utilisée[§] (multipoints) avec un appareillage Micromeritics Tristar II 3020. Pour estimer la distribution de taille des mésopores, la méthode de Barrett, Joyner et Halenda a été utilisée[**] avec un appareillage Micromeritics ASAP 2020. Cette méthode consiste à analyser pas à pas les isothermes d'adsorption-désorption d'azote à 77 K. Le dégazage de nos échantillons s'est effectué à une température de 120°C sous flux d'azote (N_2) pendant 12 h.

[§] S. Brunauer, P. H. Emmett, E. J. Teller, *J. Amer. Chem. Soc.* **60** 309 (1938)
[**] E. P. Barrett, L. G. Joyner, P. P. Halenda, *J. Am. Chem. Soc.* **73** 373 (1951)

ANNEXE C

Techniques de caractérisation des produits de réaction de l'électrode à air

1. Mesures électrochimiques (e.g. voltampérométrie cyclique):

Les solvants, CH_3CN, DMSO, CP, etc. furent séchés pendant plusieurs jours sous tamis moléculaires fraîchement activés (type 4Å). Le carbonate de propylène fut purifié par distillation sur colonne. La quantité d'eau présente dans le solvant (≤ 4 ppm) fut dosée par la méthode de Karl Fisher sur un appareil Mettler-Toledo. Les différents sels $TBAClO_4$, $TBAPF_6$ (Electrochemical Grade), $LiClO_4$ et $LiPF_6$ (Battery Grade) furent employés comme électrolyte-support. $TBAClO_4$ et $LiClO_4$ furent au préalable déshydratés sous vide à 80 et 160°C, respectivement, pendant 24 h. $TBAPF_6$ et $LiPF_6$ furent directement employés.

La description de la cellule électrochimique (électrodes, type de cellule, etc.) se trouve dans les chapitres 2 et 3 de ce manuscrit.

2. Spectroscopie *in situ* Raman de surface améliorée (SERS):

Les différents spectres Raman furent obtenus à l'aide d'un système Raman de Renishaw customisé possédant une longueur d'onde d'excitation de 632,8 nm. La cellule électrochimique a spécialement été conçue de manière à avoir l'électrode de travail (or) directement dans le champ du faisceau laser émis. Pour cela, nous avons employé une fenêtre en saphir d'1 mm d'épaisseur.

3. Spectroscopie de perte d'énergie des électrons (EELS):

L'acquisition des spectres de pertes d'énergie d'électrons a été effectuée par Lydia Laffont sur un microscope FEI TECNAI opérant à une tension de travail de 200 keV et équipé d'un spectromètre haute résolution GIF Tridiem. Les spectres EELS furent obtenus avec une résolution en énergie de l'ordre de 0,8 eV (déterminée par la largeur à mi-hauteur du pic sans perte). Les conditions d'acquisition utilisées pour effectuer ces spectres sont les suivantes : un demi-angle d'illumination de 5,8 mrd, un demi-angle de collection de 2,2 mrd et une dispersion en énergie de 0,1 eV. L'échantillon (quelques cristaux provenant d'une électrode à l'état déchargé) fut placé sur une grille de cuivre enrobée de carbone. Ceci fut réalisé en boîte sèche compte tenu de la sensibilité des produits de décharge à l'air. Une enveloppe plastique scellée contenant le porte-échantillon et l'échantillon fut employée afin de réaliser le transfert, sous atmosphère contrôlée (argon), vers le microscope.

4. Spectrométrie de masse électrochimique différentielle (DEMS):

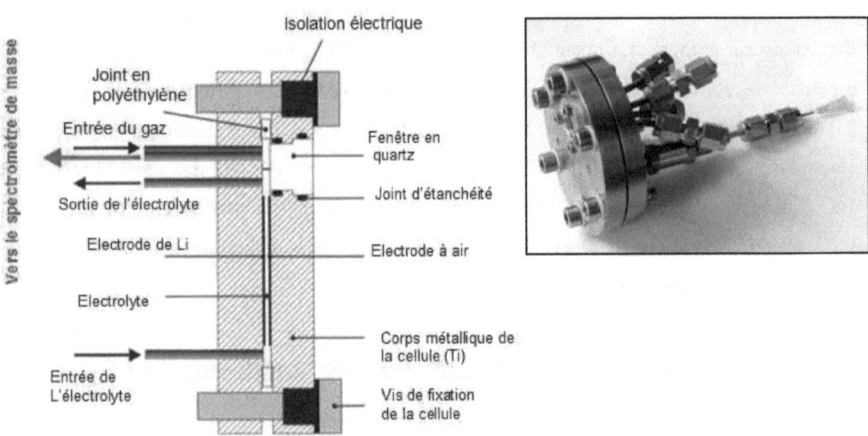

La cellule électrochimique employée pour cette étude est décrite ci-dessus. De plus amples détails sur le protocole expérimental se situent dans la référence bibliographique :

J. Ufheil, C. Baertsch, A. Würsig, P. Novák, *Electrochim. Acta* **50** 1733 (2005)

5. Spectroscopie infrarouge à transformée de Fourier (FTIR):

Les mesures FTIR furent réalisées sur un spectromètre Nicolet 6700 (Thermofisher Scientific) soit en mode de transmission à l'aide d'une pastille de CsI contenant l'échantillon, soit en mode de réflexion totale atténuée (ATR). Les électrodes déchargées furent lavées en boîte sèche dans de l'acétonitrile ou dans le carbonate de diméthyle, selon la nature de l'électrolyte employée dans la cellule électrochimique lithium-air. Les échantillons furent séchés sous vide avant chaque mesure.

ANNEXE D

L'oxygène et ses produits de réduction

1. Schéma potentiel-acidité des systèmes de l'oxygène d'après[††]:

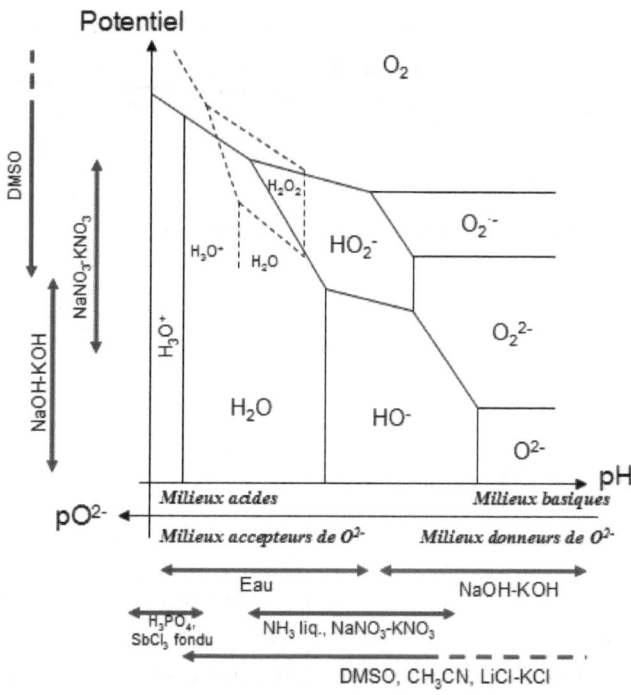

Sur cette figure, le potentiel normal apparent des couples oxydoréducteurs est porté en fonction de l'acidité du milieu (pH) ou encore son pouvoir accepteur d'ion oxyde (pO^{2-}= -log $[O^{2-}]$) qui joue un rôle analogue au pH. L'intérêt d'un tel schéma est d'indiquer les possibilités d'existence et les propriétés des divers degrés d'oxydation de l'oxygène en fonction des propriétés chimiques d'un solvant donné.

[††] D. Bauer, J.-P. Beck, *Electroanal. Chem. & Interf. Electrochem.* **40** 233 (1972)

Les réactions électrochimiques de l'oxygène se trouvent le plus souvent couplées à des réactions chimiques, notamment avec les protons. Aucune forme superoxyde protonée stable n'a été observée, ce qui indique qu'$O_2^{\cdot-}$ est une base faible. L'ion peroxyde O_2^{2-} est nettement basique et, en présence de protons, on le trouve en solution sous forme HO_2^- et H_2O_2. Le potentiel apparent du système $O_2^{\cdot-}/HO_2^-$ dépend de l'acidité du milieu : c'est une fonction croissante de l'acidité, en particulier, il peut devenir supérieur au potentiel normal du système $O_2/O_2^{\cdot-}$. Il est donc clair que l'ion superoxyde ne peut être stable qu'en milieu suffisamment basique. En milieu acide, l'ion superoxyde se dismute et l'oxygène est réduit directement en peroxyde à un potentiel qui est fonction de l'acidité de la solution. L'ion oxyde O^{2-} enfin est d'une façon générale encore plus basique que le peroxyde O_2^{2-}. Un raisonnement analogue au précédent montre que les peroxydes se dismutent lorsque l'acidité du milieu est suffisante et donc, en milieu très acide, l'oxygène est réduit directement au degré d'oxydation -II.

2. Structures de Pauling des espèces réduites d'O_2:

La forme superoxyde qui comporte un nombre impair d'électrons est paramagnétique, O_2^{2-} présente une anisotropie du tenseur $g^{\ddagger\ddagger}$, les autres espèces sont diamagnétiques. Ces anions forment avec les métaux des groupes I et II (alcalins et alcalino-terreux) des composés dont les propriétés à l'état solide ont été rassemblées[§§].

[‡‡] J. Bennett, D. J. E. Ingram, M. C. R. Symons, P. George, S. Griffith, *Philos. Mag.* **46** 443 (1959)
[§§] I. I. Vol'nov, *Peroxides, Superoxides and Ozonides of Alkali and Alkaline Earth Metals*, Plenum Press, NY (1966)

Oui, je veux morebooks!

i want morebooks!

Buy your books fast and straightforward online - at one of world's fastest growing online book stores! Environmentally sound due to Print-on-Demand technologies.

Buy your books online at

www.get-morebooks.com

Achetez vos livres en ligne, vite et bien, sur l'une des librairies en ligne les plus performantes au monde!
En protégeant nos ressources et notre environnement grâce à l'impression à la demande.

La librairie en ligne pour acheter plus vite

www.morebooks.fr

VDM Verlagsservice-
gesellschaft mbH

VDM Verlagsservicegesellschaft mbH
Heinrich-Böcking-Str. 6-8   Telefon: +49 681 3720 174   info@vdm-vsg.de
D - 66121 Saarbrücken   Telefax: +49 681 3720 1749   www.vdm-vsg.de

FSC
www.fsc.org
MIX
Papier | Fördert
gute Waldnutzung
FSC® C083411

Zeitfracht Medien GmbH
Ferdinand-Jühlke-Straße 7
99095 Erfurt, Deutschland
produktsicherheit@kolibri360.de

Druck:
CPI Druckdienstleistungen GmbH
im Auftrag der
Zeitfracht Medien GmbH
Ein Unternehmen der Zeitfracht - Gruppe
Ferdinand-Jühlke-Str. 7
99095 Erfurt